中等职业教育课程改革教材

车工实训技能

总 主 编　刘玉祥　杨福军
本书主编　于守良　宋在旺　王永智

U0311168

山东城市出版传媒集团·济南出版社

图书在版编目（CIP）数据

车工实训技能 / 刘玉祥，杨福军主编. —济南：济南出版社，2018.9

ISBN 978-7-5488-3348-2

Ⅰ.①车… Ⅱ.①刘… ②杨… Ⅲ.①车削—中等专业学校—教材 Ⅳ.①TG510.6

中国版本图书馆CIP数据核字（2018）第160883号

出 版 人	崔　刚
责任编辑	冀瑞雪　冀春雨
外　　编	张宏翔
审　　读	戴　月
封面设计	胡大伟
版式设计	谭　正

出版发行　济南出版社
地　　址　山东省济南市二环南路1号（250002）
编辑热线　0531—86131747（编辑室）
发行热线　86131747　82709072　86131729　86131728（发行部）
印　　刷　山东联立文化发展有限公司
版　　次　2019年3月第1版
印　　次　2019年3月第1次印刷
成品尺寸　185 mm×260 mm　16开
印　　张　10.25
字　　数　180千
印　　数　1—5000册
定　　价　36.00元

（济南版图书，如有印装错误，请与出版社联系调换。联系电话：0531-86131736）

编　委　会

总 主 编　刘玉祥　杨福军

本书主编　于守良　宋在旺　王永智

本书参编　张友涛　李　康　张金熙

丛书编委（以姓氏笔画为序）

于守良	王长勇	王永智	王旭生	王京光
王　青	刘玉祥	刘永田	刘志鹏	刘振涛
李　康	李庆云	李志秀	李建忠	李春会
李　婧	李精明	李静雅	李璐瑶	杨　静
杨福军	宋在旺	张　磊	张友涛	张学友
张金熙	张珍珍	张新坤	张慧杰	陈　雪
单恩强	赵　凤	赵晓丽	赵营伟	胡　萍
胡晓丹	袁琳琳	徐荣娟	高洪彬	唐胜楠
崔春胜	崔保丽	常成磊	韩卫国	程鹏飞
戴红彬	魏　楫			

汉唐书局

序

　　近年来，从中央到地方，再到各级各类职业院校，都将课程改革视为职业教育内涵式发展的抓手。无论是职业教育国家专业教学标准的开发，还是山东省实施的一系列职业教育质量提升计划，其实质都是希望能够借助课程这一中介撬动区域职业教育的全面改革。课程问题牵一发而动全身，它不仅是行政部门管理职业教育办学质量的重要媒介，也是地方与学校进行资源配置与质量考核的参考依据，更是教师与学生组织教学活动不可或缺的手段。基于对课程重要性的认识，全国各高校与职业院校也都投入大量资源，开展职业教育课程理论与课程开发技术研究，力求能够探索出一套理论性强、贴近我国职业教育办学实际、且行之有效的课程开发技术。

　　"职业教育项目课程"是华东师范大学徐国庆教授倾注十余年心血所打造的职业教育课程开发技术，该技术立足于社会职业和工作世界的根本性变革，基于联系论、结构论、综合论、结果论的理论框架，吸收了美国、德国等职业教育先进国家课程开发的宝贵经验，并结合了我国职业教育课程开发的已有成果。该技术的优势在于紧紧抓住当前我国职业教育课程开发与实施过程中出现的根本问题与典型问题，通过"专业教学标准—课程标准—教学设计—任务操作单—学生工作页"的系统设计，为职业教育课程开发提供了一套科学成熟的解决方案。这一方案突破了过去职业教育课程开发"方向不清""操作性不强""成果不显著"的问题，已在包括"寿光职业教育中心学校"在内的诸多职业院校中广泛使用，成效显著。

　　寿光职教中心编写的这套项目课程教材与案例，是学校老师在以徐国庆教授领衔的团队的指导下，用三年时间打磨完成的。三年间，徐国庆教授及团队成员多次前往学校开展现场教学、理论讲座和专题研讨。刘玉祥校长及学校管理团队高度重视这项学校内涵建设的重要工程，在制度建设、资源分配等方面给予了诸多倾斜，可以说，没有学校领导的重视，就不会有这套教材的出版。但是，这套教材的最大功臣与受益者应该是寿光职教中心的老师和学生，这套项目课程教材与案例就是近三年教师学习与实践成果的精华。三年课程建设中，学校的每位老师都参与到了课程建设内容丰富、形式多样的活动当中，他们在现场聆听与提问，并亲自动手编写专业教学标准、课程标准、教学设计、任务单等课程材料，然后将它们应用于教学过程中，并不断地验证、修改和完善。在这个过程中，不仅老师的课程开发能力与教学水平得到提升，学生也受益于课程体系与教学模式的改革，在职业能力与综合素质上有了更为突出的表现。

从这套教材中，我们可以领略项目课程在系统设计和实施过程中的独特性、灵活性、科学性与本土性，领略到寿光职教中心的教师在课程开发与实施过程中的实践智慧与创造能力，领略到寿光职教中心作为全国示范性职业学校的改革活力与丰硕成果。

职业教育项目课程开发是一个长期的过程，希望这套课程建设成果能够在今后的实践当中不断完善，更好地服务于区域技术技能人才的培养。

李　政[①]

于美国匹兹堡大学

2018年6月30日

---

①李政博士是华东师范大学徐国庆职业教育项目课程团队的核心成员，全程参与了寿光市职业教育中心学校的课程建设。

目 录

项目一　认识车削

● 项目描述 ●

　　"认识车削"是根据《车工工艺与技能训练》——中级车工技能考核要求编入的核心项目。该项目涵盖了安全文明生产、操作车床、润滑维护车床、刃磨车刀、选用切削液等多个任务模块。通过项目学习与实践，引导学生规范、熟练地操作车床，并在车削加工过程中，定期润滑保养车床，正确刃磨车刀，合理选用切削液。

任务一　安全文明生产

图1-1　普车车间操作规范

图1-2　普车车间管理制度

一、教学设计

（一）任务描述

　　图片中的公示牌被悬挂在普车车间的醒目位置，是学生进入普车车间首先见到的物品，凸显了坚持安全生产、文明生产的必要性，是保障操作者和设备安全，防止工伤和设备事故的根本保障，安全生产、文明生产的具体要求是在长期生产实践中逐步积累下来的，是前人的经验和血的教训，要求车床操作人员必须严格、规范地执行。通过该任务的实施，让学生能在实训过程中严格执行安全、文明生产的具体要求，并在现场进行安全、文明生产的检查。

（二）教学目标

1. 能进行现场安全、文明生产检查。

2. 能描述安全生产、文明生产的注意事项。

（三）教学资源

PPT多媒体教学课件

摄像仪视频演示

每6人一台CA6140型车床

每人一份任务操作单

（四）教学组织

搭建基于生产车间的组织管理架构：师傅+"5员"学习团队小组+HSE安全监督员。

模拟岗位的分组教学：工作角色由生产调度员+普车工艺员+刀具刃磨员+机床操作员+产品质检员组成，根据不同课题，学生在小组内轮流担任不同工作角色，实现与企业工作岗位相对接。

通过PPT多媒体教学课件，展现课程任务。根据课程任务，采用小组讨论、教师引领、学生抢答的方式，完成学生工作页填写。

（五）教学过程

阶段	项目教学过程	学生学的活动	教师教的活动
1	项目引入		
	项目描述	增强学生对遵守安全操作规程的感性认识。	展示公示牌、安全教育图片。 描述该项目要求，强调实习纪律，做好安全、文明生产。 解释通过该项目需达到的教学目标。
	知识准备	识记：1. 安全、文明生产的重要性。2. 安全生产的注意事项。3. 文明生产的要求。	解释性讲授安全文明生产的重要性、注意事项和要求。
	任务定位	1. 讨论并理解：在生产实习时，应掌握好有关安全、文明生产方面的知识，严格执行安全操作规程。 2. 组长根据任务进行分工，每位组员熟悉自己的工作内容。	1. 展示安全教育的视频、图片。 2. 描述性讲解安全、文明生产相关知识。 3. 示范安全操作的注意事项。 4. 逐一指导组长完成安全检查，判断其任务完成质量，严格纠正存在的错误。 5. 归纳性讲解任务完成过程中存在的共性问题。 6. 确认所有学生对安全教育有了感性认识并进入了工作者角色。

续表

阶段	项目教学过程		学生学的活动	教师教的活动
2	项目实施	步骤1：观看视频	观看安全教育片：因违反安全操作规程而发生的各种设备事故和断手、断臂、面部被工件击伤、脚大筋被切屑割断等人身事故，以及交通事故、矿难等。	播放视频，并在学生观看后，有针对性地给学生分析造成各种事故的具体原因：为什么发生这些事故；能不能有效避免；不重视安全、文明生产是最主要的原因；今后我们应该怎么做。
		步骤2：实例交流	与高年级学生交流。	列举几个高年级学生造成人身受伤和设备损坏的实例。
		步骤3：实操演练	按安全操作规程操作，并进行简单介绍。包括穿工作服等劳保用品，工、夹、量具、图样、毛坯、半成品和成品摆放等。	规范演示安全、文明生产的注意事项和要求，巡回指导每个小组的操作，并针对存在的共性问题进行强调性讲授。
		步骤4：现场整理	整理学习笔记，打扫现场，上交学生工作页。	检查学生完成的情况。
3	项目总结	项目展示与总体评价	1.组长检查小组成员对知识的掌握情况。 2.组内讨论本小组操作过程。 3.根据教师点评，小组内总结本次任务实施过程。	1.安排组长公布各组的掌握情况。 2.对学生的操作进行点评，指出存在的问题。
		项目学习小结	复述车床安全、文明生产的注意事项。	带领学生总结安全、文明生产的注意事项，引导学生加深对安全、文明生产的感性认识。

（六）技能评价

序号	技能	评判结果	
		是	否
1	熟悉安全、文明生产的要求并在实训过程中认真执行。		
2	严格按照操作规程操作车床。		
3	能在实训过程中进行安全检查。		

二、任务操作单

任务操作单				
工作任务：安全、文明生产				
安全及其他注意事项：1. 动作规范，符合文明生产的相关要求；2. 准确复述安全生产的注意事项，准确率90%以上。				
	步骤	操作方法与说明	质量	备注
1	工作前准备	1.穿工作服，带袖套，带工作帽。 2.将所用的工具、量具、刀具稳妥、整齐、合理摆放在工具箱上，不应该放置在主轴箱盖上；图纸、工艺卡片贴到便于阅读位置；毛坯放置在便于拿取的位置，并与成品、半成品分开放置。 3.检查车床各部分机构及防护设备是否完好。 4.检查各手柄是否灵活、位置是否正确。 5.检查各注油孔，进行润滑。 6.使主轴空运转1～2 min，检查车床运转是否正常。	1.独立完成，符合安全生产、文明生产的要求。 2.复述安全生产、文明生产的要求，准确率90%以上。	P-E

续表

	步骤	操作方法与说明	质量	备注
2	工作中注意	1. 注意头部与工件不能靠得太近。 2. 不准嬉戏打闹，不准做与实习无关的事情。 3. 思想要集中，不准多人同时操作一台车床。 4. 车床运转时，严禁用手触摸各转动部位。 5. 车床未完全停止时，不准用手进行刹车。 6. 必须在停机的状态下用铁钩或刷子清除铁屑，不准用手拉或嘴吹的方式清除，同时严禁用纱布擦正在旋转的工件。 7. 装拆工件后，卡盘扳手应及时拿下。 8. 换刀时，刀架要远离工件、卡盘和尾座。 9. 严禁在运转中测量工件，或在旋转工件的上方互相传递物品。	复述安全生产、文明生产的要求，准确率90%以上。	P—E
3	工作后整理	1. 清除车床及车床周围的切屑和冷却液，擦净后按规定在应加油部位加润滑油。 2. 每件工具应放在固定位置，不可随便乱放。 3. 量具擦净、涂油，放入盒内并及时归还工具室。	1. 独立完成，符合安全生产、文明生产的要求。 2. 复述安全生产、文明生产的要求，准确率90%以上。	P—E

三、学生工作页

学生工作页
工作任务：安全、文明生产
一、工作目标（完成工作最终要达到的成果）
通过实际演示、讲解和学生观察、独立操作，进一步增强学生对遵守安全文明操作规程的感性认识。

二、工作实施（过程步骤、技术参数、要领等）

1. 工作前准备（填写相关要求）。

2. 工作中注意（填写相关要求）。

3. 工作后整理（填写相关要求）。

三、工作反思（检验评价、总结拓展等）

1. 课堂中遇到的问题：

序号	遇到问题	解决方法
1		□老师指导□同学帮助□自我学习□待解决
2		□老师指导□同学帮助□自我学习□待解决
3		□老师指导□同学帮助□自我学习□待解决

2. 你明白了吗？

序号	问题	回答
1	安全、文明生产的重要性	□明白□有点明白□不明白
2	安全生产的注意事项	□明白□有点明白□不明白
3	文明生产的要求	□明白□有点明白□不明白

任务二　操作车床

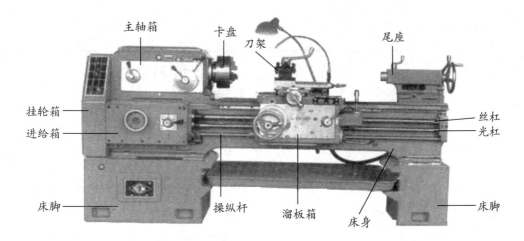

图1-3　CA6140型车床

一、教学设计

（一）任务描述

图片中展示的是CA6140型式车床的外形，是学生参与实训的主要设备。通过设计本次任务，让学生能完成车床启动，会进行床鞍、中滑板、小滑板的进退刀方向控制，并根据需要按车床铭牌对各手柄进行调整等车床的基本操作。

（二）教学目标

1. 能独立完成车床的基本操作。

2. 能描述常用车床的结构和传动系统。

（三）教学资源

PPT多媒体教学课件

摄像仪视频演示

每6人一台CA6140型车床

每人一份任务操作单

（四）教学组织

搭建基于生产车间的组织管理架构：师傅+"5员"学习团队小组+HSE安全监督员。

模拟岗位的分组教学：工作角色由生产调度员+普车工艺员+刀具刃磨员+机床操作员+产品质检员组成，根据不同课题，学生在小组内轮流担任不同工作角色，实现与企业工作岗位相对接。

通过PPT多媒体教学课件，展现课程任务。根据课程任务，采用小组讨论、教师引领、学生抢答的方式，完成学生工作页填写。

（五）教学过程

阶段	项目教学过程		学生学的活动	教师教的活动
1	项目引入	项目描述	了解实训的主要设备CA6140型车床，理解车床结构，熟练掌握基本操作。	展示车床及挂图。 描述该项目要求，强调实习纪律，做好安全、文明生产。 解释通过该项目需达到的教学目标。
		知识准备	识记：1.车床结构 2.车床传动系统	解释性讲授车床的结构和传动系统。
		任务定位	1.理解并完成车床的基本操作。 2.组长根据任务进行分工，每位组员熟悉自己的工作内容。	1.展示车床挂图。 2.描述性讲解车床的结构和传动系统。 3.示范车床的基本操作。 4.逐一指导组长完成车床的基本操作，判断其任务完成质量，严格纠正存在的错误。 5.归纳性讲解任务完成过程中存在的共性问题。 6.确认所有学生对车床基本操作熟悉步骤并进入了工作者角色。
2	项目实施	步骤1：复述观察	复述上节课所讲安全文明生产的要求，观察车床挂图。	提问上一任务的重要知识点，悬挂挂图，并讲授车床的结构，引导各组在车床上进一步复述车床的结构。

续 表

阶段	项目教学过程		学生学的活动	教师教的活动
2	项目实施	步骤2:观察挂图	观察传动系统挂图,听取相关知识的讲授。	悬挂挂图,并讲授车床的传动系统,启发学生思考,让学生对相关知识有所了解。
		步骤3:实操演练	1. 观察教师演示车床基本操作。 2. 组内讨论操作的注意事项。 3.根据任务要求分组开展操作训练。	1. 演示车床基本操作,并强调操作注意事项。 2. 回答学生针对性的提问。 3. 巡回指导,观察学生的操作。 4. 针对共性问题进一步讲授、演示。
		步骤4:现场整理	整理学习笔记,打扫现场,上交学生工作页。	检查学生完成的情况。
3	项目总结	项目展示与总体评价	1. 组长检查小组成员对知识的掌握情况。 2. 组内讨论本小组操作过程。 3. 根据教师点评,小组内总结本次任务实施过程。	1.安排组长公布各组员的掌握情况。 2. 对学生的操作进行点评,指出存在的问题。
		项目学习小结	复述车床的结构及各部分的作用,独立完成设定的操作训练内容。	带领学生总结车床基本操作的步骤。

（六）技能评价

序号	技能	评判结果	
		是	否
1	熟悉车床基本操作的步骤并能独立完成车床的基本操作。		

二、任务操作单

<table>
<tr><td colspan="5" align="center">任务操作单</td></tr>
<tr><td colspan="5">工作任务：车床基本操作</td></tr>
<tr><td colspan="5">安全及其他注意事项：1.车床操作符合安全、文明生产的要求；2.动作规范、熟练。</td></tr>
<tr><td></td><td>步骤</td><td>操作方法与说明</td><td>质量</td><td>备注</td></tr>
<tr>
<td>1</td>
<td>主轴变速</td>
<td>1.检查车床各变速手柄是否处于空挡位置、操作杆是否处于停止状态，确认无误后，合上车床电源总开关。
2.通过改变主轴箱正面右侧两个叠套的手柄位置控制。
3.外面的手柄有六个挡位，每个挡位有四级转速。
4.里面手柄除两个空挡外，还有四个挡位。
5.根据主轴转速。将里面手柄位置拨到其所显示的颜色与外面手柄所处挡位上转速数字所标示的颜色相同的挡位即可。
6.手柄拨不动可通过转动卡盘调整。</td>
<td>1.操作动作熟练、规范。
2.手柄位置正确。</td>
<td>P—E</td>
</tr>
<tr>
<td>2</td>
<td>调整进给量</td>
<td>1.进给箱正面左侧有一个手轮，右侧有里外叠装的两个手柄，外面的手柄有ABCD四个挡位，里面的手柄有 I II III IV 四个挡位和八个挡位的手轮相配合。
2.查看进给箱油池盖上的螺纹和进给量调配表。
3.根据需调整的进给量确定并调整手轮和手柄到位。
4.手柄拨不动可通过转动卡盘调整。</td>
<td>1.操作动作熟练、规范。
2.手柄位置正确。</td>
<td>P—E</td>
</tr>
<tr>
<td>3</td>
<td>启动车床</td>
<td>1.先松开挂轮箱盖上的红色急停按钮，再按下上方的绿色按钮。
2.向上提起操作杆手柄，主轴正传。
3.回到中间位置，主轴停止转动。
4.下压，主轴反转。</td>
<td>1.操作动作熟练、规范。
2.手柄位置正确。</td>
<td>P—E</td>
</tr>
</table>

续 表

	步骤	操作方法与说明	质量	备注
4	操作刀架	1. 逆时针转动刀架手柄选择所用车刀。 2. 顺时针转动刀架手柄锁紧刀架。	1. 操作动作熟练、规范。 2. 手柄位置正确。	P-E
5	手动/自动进退刀	1. 顺时针转动手轮时纵向退刀，逆时针转动手轮时纵向进刀。 2. 顺时针转动中滑板手柄横向进刀，逆时针转动中滑板手柄横向退刀。 3. 顺时针转动小滑板手柄纵向进刀，逆时针转动手柄横向退刀。 4. 在溜板箱右侧有自动进给手柄，可沿十字槽纵、横向扳动，手柄扳动方向与刀架运动方向一致，在中央位置时停止进给。	1. 操作动作熟练、规范。 2. 手柄位置正确。	P-D
6	操作尾座	1. 纵向移动和锁紧尾座：顺时针松开尾座固定手柄，推动尾座至合适位置，逆时针扳动手柄锁住尾座。 2. 套筒的纵向进退移动：逆时针转动套筒锁紧手柄，摇动手轮使套筒进、退移动，顺时针转动手柄固定在选定位置。 3. 后顶尖的安装及退出：擦净套筒内孔和顶尖锥柄，安装后顶尖；松开套筒锁紧手柄，摇动手轮使套筒后退并退出后顶尖。	1. 操作动作熟练、规范。 2. 手柄位置正确。	P-D

三、学生工作页

学生工作页
工作任务：车床基本操作
一、工作目标（完成工作最终要达到的成果）
能独立完成车床的基本操作，并符合相关的质量要求。

二、工作实施（过程步骤、技术参数、要领等）

1. 主轴变速（填写操作方法）。

2. 调整进给量（填写操作方法）。

3. 启动车床（填写操作方法）。

4. 操作刀架（填写操作方法）。

5. 手动/自动进退刀（填写操作方法）。

6. 操作尾座（填写操作方法）。

三、工作反思（检验评价、总结拓展等）

1. 课堂中遇到的问题：

序号	遇到问题	解决方法
1		□老师指导□同学帮助□自我学习□待解决
2		□老师指导□同学帮助□自我学习□待解决
3		□老师指导□同学帮助□自我学习□待解决

2. 你明白了吗？

序号	问题	回答
1	车床的组成及各部分的作用	□明白□有点明白□不明白
2	CA6140型车床的传动系统	□明白□有点明白□不明白
3	车床的基本操作方法	□明白□有点明白□不明白

任务三　润滑、维护车床

图1-4　油壶和油枪

一、教学设计

（一）任务描述

上面的图片中为车床润滑保养的主要工具，在实训中除了要求熟练掌握车床的基本操作以外，还应养成每次实训结束后对车床润滑保养的习惯，并能协助完成车床的一级维护与保养。本任务要求学生对车床的润滑方式和要求有所了解，并学会对车床进行合理的维护、保养。

（二）教学目标

1. 能描述车床润滑的作用和方式，能理解车床日常保养和一级保养的要求。

2. 学会完成车床的平日、每周维护与保养。

3. 能协助完成车床的一级维护与保养。

（三）教学资源

PPT多媒体教学课件

摄像仪视频演示

每6人一台CA6140型车床

油壶、润滑油、刷子、纱布

每人一份任务操作单

（四）教学组织

搭建基于生产车间的组织管理架构：师傅+"5员"学习团队小组+HSE安全监督员。

模拟岗位的分组教学：工作角色由生产调度员+普车工艺员+刀具刃磨员+机床操作员+产品质检员组成，根据不同课题，学生在小组内轮流担任不同工作角色，实现与企业工作岗位相对接。

通过PPT多媒体教学课件，展现课程任务。根据课程任务，采用小组讨论、教师引领、学生抢答的方式，完成学生工作页填写。

（五）教学过程

阶段	项目教学过程		学生学的活动	教师教的活动
1	项目引入	项目描述	1. 理解车床润滑保养的整体内容，建立车床润滑保养的实际概念。 2. 理解车床日常保养和一级保养的要求。	1. 通过视频导入本次任务，并说明为了减少车床磨损、延长使用寿命、保证工件加工精度，应对车床的所有摩擦部位进行润滑，并注意日常的维护保养。 2. 描述性讲解本次任务的内容：确定车床润滑步骤及操作要点。 3. 解释性讲解通过本任务让学生学会对车床进行合理的维护、保养，熟练掌握相关工具的使用。
		知识准备	识记并理解车床润滑的作用和润滑方式。	解释性讲解车床润滑的作用、润滑方式、润滑要求，车床日常保养、一级保养的方法和技巧。
		任务定位	1. 理解车床润滑保养操作的步骤及技巧，并能独立对车床进行润滑保养。 2. 组长根据任务进行分工，每位组员熟悉自己的工作内容。	1. 展示润滑与保养的工具。 2. 描述性讲解车床的润滑作用、方式、要求。 3. 示范车床的主轴箱、进给箱润滑油更换及导轨润滑。 4. 逐一指导组长完成车床的日常维护，判断其任务完成质量，严格纠正存在的错误。 5. 归纳性讲解任务完成过程中存在的共性问题。 6. 确认所有学生熟悉润滑保养的步骤并进入了工作者角色。

续表

阶段	项目教学过程		学生学的活动	教师教的活动
2	项目实施	步骤1:工具准备	各组根据备料单进行检查准备,理解完成车床润滑的步骤、方法与质量要求,明确各自的任务内容。	1. 根据备料单准备工具,发放任务操作单。 2. 描述性讲解该任务的内容、工作方法与诀窍。
		步骤2:操作演示	按照任务操作单,听取对车床润滑方式和润滑要求的讲解,观察如何使用油壶润滑导轨,理解操作技巧,具备初步操作能力。	示范并教授使用油壶润滑导轨的步骤,强调操作要点。
		步骤3:实操演练	在组长的带领下,严格按照既定的示范过程操作。其间,组长负责带领全组成员按时完成任务,并达到本项目要求的完成质量。	1. 巡回指导各组完成任务,判断其完成质量,严格纠正存在的错误。 2. 归纳性讲解任务完成过程中存在的共性问题。
		步骤4:现场整理	整理学习笔记,进一步理解润滑的方式和润滑的要求,打扫现场,上交学生工作页。	监督学生是否按照安全、文明生产的要求进行实训;设计题目检查学生对基本知识是否掌握;学生工作页是否按要求完成上交。
3	项目总结	项目展示与总体评价	1. 组长检查小组成员对知识的掌握情况。 2. 组内讨论本小组操作过程。 3. 根据教师点评,小组内总结本次任务实施过程。	1. 安排组长公布各组员的掌握情况。 2. 对学生的操作进行点评,指出存在的问题。
		项目学习小结	复述车床的润滑方式和要求,独立完成导轨的润滑。	带领学生总结车床润滑的要点和技巧。

（六）技能评价

序号	技能	评判结果	
		是	否
1	使用油壶对导轨进行浇油润滑。		
2	协助完成车床的一级保养。		

二、任务操作单

任务操作单			
工作任务：班后保养			
安全及其他注意事项：1.工作认真、细致；2.符合文明生产相关注意事项。			
步骤	操作方法与说明	质量	备注
1 打扫场地卫生	使用卫生工具将车床底下及周边清扫干净。	车床底下及周边无切屑，无垃圾。	P-E
2 清扫铁屑	1. 不可直接用手清理铁屑。 2. 使用扳手将所用刀具卸下放置于工具箱上。 3. 使用毛刷将车床导轨、刀架等表面的铁屑全部打扫到车床料斗内。 4. 将料斗内的铁屑使用卫生工具统一打扫到铁屑回收点。	车床上无铁屑。	P-E
3 擦净车床各部位及各导轨面	使用纱布擦拭车床的各部位，特别是各导轨面一定要认真擦拭。	1.机床表面无污迹。 2.各导轨面无水迹。	P-E

续 表

	步骤	操作方法与说明	质量	备注
4	使用油壶给各导轨面浇油润滑	1. 各部分及各手柄恢复至开机状态。 2. 关闭车床总电源。 3. 按要求给油壶加注机油。 4. 转动手轮将床鞍移动到尾座处。 5. 将油壶油嘴对准导轨面加注机油。 6. 转动手轮将床鞍往复移动一次。 7. 用同样的方法完成中滑板、小滑板导轨面的浇油润滑。	1. 动作规范、操作熟练。 2. 机油浇注充分。	P-E
5	清理工、量、刃具	1. 刃具、工具整齐放置在工具箱内。 2. 量具擦净、涂油放置盒内，归还工具室。	符合文明生产的相关要求。	P-D

三、学生工作页

学生工作页
工作任务： 班后保养
一、工作目标（完成工作最终要达到的成果）
能独立完成车床的平日保养，并符合相关的质量要求。
二、工作实施（过程步骤、技术参数、要领等）
1. 打扫场地卫生（书写操作方法）。
2. 清扫铁屑（书写操作方法）。
3. 擦净车床各部位及各导轨面（书写操作方法）。

续表

4. 使用油壶给各导轨面浇油润滑（书写操作方法）。

5. 清理工、量、刃具（书写操作方法）。

三、工作反思（检验评价、总结拓展等）

1. 课堂中遇到的问题：

序号	遇到问题	解决方法
1		□老师指导□同学帮助□自我学习□待解决
2		□老师指导□同学帮助□自我学习□待解决
3		□老师指导□同学帮助□自我学习□待解决

2. 你明白了吗?

序号	问题	回答
1	车床润滑的作用	□明白□有点明白□不明白
2	常用车床的润滑方式	□明白□有点明白□不明白
3	车床日常保养的要求	□明白□有点明白□不明白

任务四　刃磨车刀

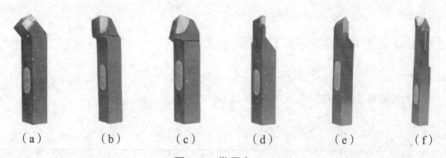

（a）　　（b）　　（c）　　（d）　　（e）　　（f）

图1-5　常用车刀

一、教学设计

（一）任务描述

图片中展示的是常用的车刀，是车削加工必不可少的刀具，在车刀用钝后，必须刃磨以恢复它的合理形状和角度。通过设计本次任务让学生能正确使用砂轮完成90°车刀的刃磨。

（二）教学目标

1. 能正确使用砂轮完成90°车刀的刃磨。
2. 能理解刃磨的姿势、动作和方法，并描述刃磨的注意事项。
3. 能描述车刀的种类、用途和组成。

（三）教学资源

PPT多媒体教学课件

摄像仪视频演示

每6人一台CA6140型车床

砂轮机、车刀

每人一份任务操作单

（四）教学组织

搭建基于生产车间的组织管理架构：师傅+"5员"学习团队小组+HSE安全监督员。

模拟岗位的分组教学：工作角色由生产调度员+普车工艺员+刀具刃磨员+机床操作员+产品质检员组成，根据不同课题，学生在小组内轮流担任不同工作角色，实现与企业工作岗位相对接。

通过PPT多媒体教学课件，展现课程任务。根据课程任务，采用小组讨论、教师引领、学生抢答的方式，完成学生工作页填写。

（五）教学过程

阶段	项目教学过程		学生学的活动	教师教的活动
1	项目引入	项目描述	1. 理解车刀的组成、种类、主要角度及作用。 2. 理解车刀刃磨的顺序及注意事项。	1. 通过视频导入本次任务，并说明在车削过程中常用的各类车刀。 2. 描述性讲解本次任务的内容为：认识常用车刀的种类、用途和组成，熟悉车刀刃磨的姿势、动作和方法，并能描述刃磨的注意事项。 3. 解释性讲解通过本任务学会刃磨90°车刀，熟练使用砂轮机。

阶段	项目教学过程		学生学的活动	教师教的活动
1	项目引入	知识准备	识记并理解车刀的种类、用途及几何形状，了解如何选择车刀的几何角度。	解释性讲解车刀的组成、常用车刀的种类、车刀的主要角度及作用。
		任务定位	1.理解车刀刃磨的顺序及技巧，并能独立完成车刀的刃磨。 2.组长根据任务进行分工，每位组员熟悉自己的工作内容。	1.展示常用的车刀和砂轮机。 2.描述性讲解车刀刃磨顺序及技巧。 3.示范90°车刀的刃磨顺序，强调注意事项。 4.逐一指导组长完成90°车刀的刃磨，判断其任务完成质量情况，严格纠正存在的错误。 5.归纳性讲解任务完成过程中存在的共性问题。 6.确认所有学生熟悉刃磨的步骤并进入了工作者角色。
2	项目实施	步骤1：工具准备	各组根据备料单进行检查准备，理解完成车刀刃磨的顺序、方法与质量要求，明确各自的任务内容。	1.根据备料单准备工具，发放任务操作单。 2.描述性讲解该任务的内容、工作方法与诀窍。
		步骤2：知识准备	听取对车刀种类、作用、几何形状的讲解，绘制车刀并标注组成部分和主要角度。	对比讲授常用车刀的种类和用途。结合挂图和实物讲授车刀的组成和主要角度，并引导组内通过讨论和观察实物进行车刀绘制。
		步骤3：操作演示	按照任务操作单，观察90°外圆车刀的刃磨示范，熟悉并理解刃磨的顺序及注意事项，理解操作技巧，具备初步操作能力。	启发学生回答车刀的组成，演示90°外圆车刀的刃磨顺序，强调注意事项。

续表

阶段	项目教学过程	学生学的活动	教师教的活动
2	项目实施	步骤4：实操演练 在组长的带领下，严格按照既定的示范过程操作。其间，组长负责带领全组成员按时完成任务，并达到本项目要求的质量。	1. 巡回指导各组完成任务，判断其质量，严格纠正存在的错误。 2. 归纳性讲解任务完成过程中存在的共性问题。
		步骤5：反思提升 观察应用刃磨好的车刀试切削工件，思考不同车刀几何角度对车削的影响。	示范外圆车削，引导学生观察，启发学生思考车刀的几何角度如何影响车削，建立基本的感性认识，理解车刀切削部分主要角度的作用。
		步骤6：现场整理 整理学习笔记，进一步理解刃磨的一般顺序，打扫现场，上交学生工作页。	监督学生是否按照安全文明生产的要求进行实训；设计题目检查学生对基本知识是否掌握；学生工作页是否按要求完成上交。
3	项目总结	项目展示与总体评价 1. 组长检查小组成员对知识的掌握情况。 2. 组内讨论本小组操作过程。 3. 根据教师点评，小组内总结本次任务实施过程。	1. 安排组长公布各组员的掌握情况。 2. 对学生的操作进行点评，指出存在的问题。
		项目学习小结 复述车刀刃磨的一般顺序和注意事项，独立完成车刀的刃磨。	带领学生总结如何根据不同的车削要求合理刃磨车刀切削部分的主要角度。

（六）技能评价

序号	技能	评判结果	
		是	否
1	绘制车刀并标注组成部分和主要角度。		
2	刃磨车刀动作规范、方法正确。		

二、任务操作单

任务操作单

工作任务：刃磨90°车刀

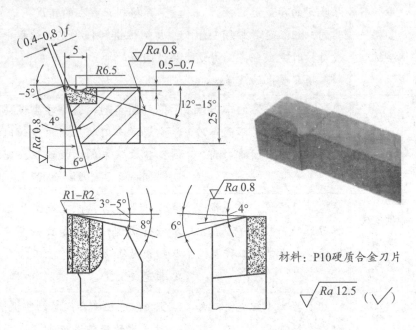

材料：P10硬质合金刀片

安全及其他注意事项：1.刃磨过程符合安全文明刃磨的相关相求；2.刃磨车刀时不能用力过大，以防打滑伤手。

	步骤	操作方法与说明	质量	备注
1	磨去车刀前面、后面的焊渣，车刀底面磨平	1.选用粒度号24~36的氧化铝砂轮。 2.站立在砂轮机的侧面。 3.两手握车刀的距离放开一定距离，两肘应夹紧腰部。	1.动作规范。 2.无焊渣，车刀底面平整。	P-E
2	粗磨主后面和副后面的刀柄部分	刃磨时，在略高于砂轮中心的水平位置处将车刀翘起一个比刀体上的后角大2°~3°的角度。	方便刃磨主后角和副后角。	P-M

步骤	操作方法与说明	质量	备注
3	粗磨刀体上的主后面	1．刀体柄部与砂轮轴线保持平行（$\kappa_r=90°$），刀柄向外侧倾斜主后角（$\alpha_0=4°\sim6°$）的角度。 2.刃磨时应使主后面近底平面处先靠到砂轮中心的水平外圆处，并以此为起始位置，继续向砂轮靠近，并左右缓慢移动，一直磨至刀刃处为止。	主偏角、主后角角度符合图样要求。	P–M
4	粗磨刀体上的副后面	1.刀体柄部尾端向右偏摆，转过副偏角（$\kappa_r'=8°\sim12°$），刀头上翘副后角（$\alpha_0'=4°\sim6°$）的角度 2.刃磨方法同上，但应磨到刀尖处为止。	副偏角、副后角角度符合图样要求。	P–M
5	粗磨前刀面	刀柄和砂轮轴线平行，前面上离主切削刃一侧先靠近砂轮外圆水平中心处，一直磨至主切削刃。	前角角度符合图样要求。	P–M
6	刃磨断屑槽	1.砂轮交角处保持尖锐。 2.刃磨时起始位置应该与刀尖、主切削刃离开一定的位置。 3.刃磨时不能用力过大，车刀应沿刀柄方向上下缓慢移动。 4.刃磨过程反复检查断屑槽的形状、位置及前角大小。	断屑槽尺寸符合图样要求。	P–M
7	刀尖倒角、精修	1.使车刀主切削刃与砂轮端面成一个大致为主偏角一半值的角度，用很小的力缓慢把刀尖向砂轮推进，长度符合要求即可。 2.修整好砂轮，保持好手形，缓慢左右移动，保证刃口平直。	1.倒角长度符合图样要求。 2.切削刃平直。 3.各面粗糙度符合图样要求。	P–D

三、学生工作页

<table>
<tr><td colspan="1" align="center">学生工作页</td></tr>
</table>

工作任务： 刃磨90°车刀

一、工作目标（完成工作最终要达到的成果）

刃磨90°车刀

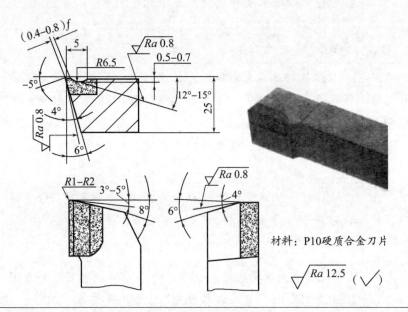

材料：P10硬质合金刀片

$\sqrt{Ra\ 12.5}$ （ $\sqrt{}$ ）

二、工作实施（过程步骤、技术参数、要领等）

1. 磨去车刀前面、后面的焊渣，车刀底面磨平（填写操作步骤）。

2. 粗磨主后面和副后面的刀柄部分（填写操作步骤）。

3. 粗磨刀体上的主后面（填写操作步骤）。

4. 粗磨刀体上的副后面（填写操作步骤）。

续表

5. 粗磨前刀面（填写操作步骤）。

6. 刃磨断屑槽（填写操作步骤）。

7. 刀尖倒角、精修（填写操作步骤）。

三、工作反思（检验评价、总结拓展等）

1. 课堂中遇到的问题：

序号	遇到问题	解决方法
1		□老师指导□同学帮助□自我学习□待解决
2		□老师指导□同学帮助□自我学习□待解决
3		□老师指导□同学帮助□自我学习□待解决
4		□老师指导□同学帮助□自我学习□待解决
5		□老师指导□同学帮助□自我学习□待解决
6		□老师指导□同学帮助□自我学习□待解决

2. 你明白了吗？

序号	问题	回答
1	常用车刀的种类和用途	□明白□有点明白□不明白
2	车刀的三面两刃一尖	□明白□有点明白□不明白
3	车刀各部分的作用	□明白□有点明白□不明白
4	车刀几何角度的初步选择	□明白□有点明白□不明白

任务五　选用切削液

一、教学设计

（一）任务描述

在实际生产中，尤其是生产实习教学中，单件小批生产的生产类型最常见，要根据不同的加工内容选择相应的切削液是不太现实的。因此，很少根据被加工工件的材料去按教材中的选用表来选择相应切削液。但作为车工必须具备的技能，必须学会切削液的选用，所以设计了此次任务。

（二）教学目标

1. 能根据加工性质、工艺特点、工件和刀具材料等条件合理选用、使用切削液。
2. 能描述切削液的种类和作用。
3. 能理解使用切削液的注意事项。

（三）教学资源

PPT多媒体教学课件

摄像仪视频演示

每6人一台CA6140型车床

水基切削液

（四）教学组织

搭建基于生产车间的组织管理架构：师傅+"5员"学习团队小组+HSE安全监督员。

模拟岗位的分组教学：工作角色由生产调度员+普车工艺员+刀具刃磨员+机床操作员+产品质检员组成，根据不同课题，学生在小组内轮流担任不同工作角色，实现与企业工作岗位相对接。

通过PPT多媒体教学课件，展现课程任务。根据课程任务，采用小组讨论、教师引领、学生抢答的方式，完成学生工作页填写。

（五）教学过程

阶段	项目教学过程		学生学的活动	教师教的活动
1	项目引入	项目描述	1. 理解切削液的作用和种类。 2. 理解给车床加装切削液的方法和在车削过程中使用切削液的方法。	1. 通过视频导入本次任务，并结合挂图、实物，对切削液和加注切削液车削工件有更加直观的了解，对切削温度有更深刻的认识，进一步激发学习兴趣。 2. 描述性讲解本次任务的内容为：车床加装切削液，并在切削过程中合理使用切削液。 3. 解释性讲解通过本任务熟识切削液的种类、作用和应用场合。
		知识准备	识记并理解切削液的种类、作用、应用场合。	解释性讲解切削液的种类、作用及应用场合。
		任务定位	1. 在车削过程中正确使用切削液，并掌握使用技巧。 2. 组长根据任务进行分工，每位组员熟悉自己的工作内容。	1. 展示切削液。 2. 描述性讲解切削液的种类、作用、应用场合。 3. 示范给车床加装切削液和使用切削液。 4. 逐一指导组长完成本次任务，判断其任务完成质量，严格纠正存在的错误。 5. 归纳性讲解任务完成过程中存在的共性问题。 6. 确认所有学生熟悉任务步骤并进入了工作者角色。
2	项目实施	步骤1：观看视频	观看视频，思考并在组内讨论回答："如果不使用切削液，那么切削热、摩擦力以及排屑对刀具和工件加工质量会产生哪些影响？"	播放车外圆和加注切削液车削工件的视频，并结合挂图、实物、多媒体等手段对比讲授：在切削过程中除会产生金属变形、切削力、刀具磨损等物理现象外，还会产生另一个最常见的物理现象——切削热。

阶段	项目教学过程		学生学的活动	教师教的活动
2	项目实施	步骤2：知识准备	通过观察实物和挂图，认识切削液，了解不同切削液的作用和应用场合。	展示水基切削液和其他切削液的挂图。结合挂图和实物讲授切削液的作用和应用场合。
		步骤3：操作演示	观察给车床加装切削液和在车削过程中使用切削液，理解操作技巧，初步形成操作能力。	演示为车床加装切削液，并在车削过程中演示使用步骤和操作技巧。
		步骤4：反思提升	对比观察使用切削液和不使用切削液的工件和切屑，认识切削温度，加强对切削液的认识。	演示使用切削液切削工件和不使用切削液切削工件，启发思考切削液对加工的影响。
		步骤5：实操演练	在组长的带领下，严格按照既定的示范过程操作。其间，组长负责带领全组成员按时完成任务，并达到本项目要求的质量。	巡回指导各组完成任务，判断其完成质量，严格纠正存在的错误。
		步骤6：现场整理	整理学习笔记，进一步理解使用切削液的技巧，打扫现场，上交学生工作页。	监督学生是否按照安全文明生产的要求进行实训；设计题目检查学生对基本知识是否掌握；学生工作页是否按要求完成上交。
3	项目总结	项目展示与总体评价	1.组长检查小组成员对知识的掌握情况。 2.组内讨论本小组操作过程。 3.根据教师点评，小组内总结本次任务实施过程。	1.安排组长公布各组员的掌握情况。 2.对学生的操作进行点评，指出存在的问题。
		项目学习小结	复述在切削过程中使用切削液的技巧。	带领学生总结如何根据刀具材料选用切削液。

（六）技能评价

序号	技能	评判结果	
		是	否
1	为车床加装切削液。		
2	在切削过程合理使用切削液。		

二、学生工作页

学生工作页

工作任务： 选用切削液

一、工作目标（完成工作最终要达到的成果）

为车床加装切削液，并在切削过程中合理使用切削液。

二、工作实施（过程步骤、技术参数、要领等）

1.给车床加装切削液（填写操作要点）。

2.观察切削过程中切削液的使用情况（填写切削热对切削的影响）。

三、工作反思（检验评价、总结拓展等）

1.课堂中遇到的问题:

序号	遇到问题	解决方法
1		□老师指导□同学帮助□自我学习□待解决
2		□老师指导□同学帮助□自我学习□待解决
3		□老师指导□同学帮助□自我学习□待解决

2.你明白了吗?

序号	问题	回答
1	切削液的作用	□明白□有点明白□不明白
2	切削液的种类及选用	□明白□有点明白□不明白
3	使用切削液的注意事项	□明白□有点明白□不明白

项目二 车削台阶轴

项目描述

"车削轴类零件"是根据《车工工艺与技能训练》——中级车工技能考核要求编入的核心项目。该项目涵盖了分析车削工艺、车外圆、端面、阶台、质量控制等多个任务模块，通过项目学习与实践，引导学生加工出合格的台阶轴零件。

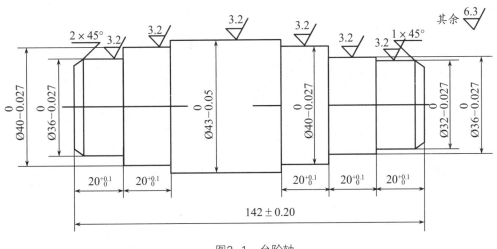

图2-1 台阶轴

任务一 分析台阶轴车削工艺

一、教学设计

（一）任务描述

加工合格的零件除了保证零件的尺寸精度和表面粗糙度外，还应保证其形状和位置精度。因此，零件加工前要通过分析研究该零件图，制定工艺规程来指导生产，保证质量。通过本任务的实施，学会填写三种表格，并熟悉轴类零件的结构特征及加工工艺的制定原则和制定方法，并刃磨准备好车刀。

1. 工、量、刃具的准备

序号	名称	规格	精度	数量
1	千分尺	25～50	0.01	1
2	游标卡尺	0～150	0.02	1
3	钢直尺	0～150	1	1
4	外圆车刀	45°	——	自定
5	外圆车刀	90°	——	自定
6	常用工具			自定

2. 切削用量选取

刀具	加工内容	主轴转速 (r/min)	进给量 (mm/r)	背吃刀量 (mm)
45° 外圆车刀	端面	800	0.1	0.1～1
90° 外圆车刀	粗车外圆	500	0.3	2
	精车外圆	1 000	0.1	0.25

3. 机械加工工艺过程

加工步骤	加工简图	加工内容	备注

（二）教学目标

1. 能正确填写工艺卡。

2. 能理解轴类零件的工艺特点。

3. 能描述工艺卡片的填写步骤。

（三）教学资源

PPT多媒体教学课件

摄像仪视频演示

每6人一台CA6140型车床

准备清单中的工、量、刃具

（四）教学组织

搭建基于生产车间的组织管理架构：师傅+"5员"学习团队小组+HSE安全监督员。

模拟岗位的分组教学：工作角色由生产调度员+普车工艺员+刀具刃磨员+机床操作员+产品质检员组成，根据不同课题，学生在小组内轮流担任不同工作角色，实现与企业工作岗位相对接。

通过PPT多媒体教学课件，展现课程任务。根据课程任务，采用小组讨论、教师引领、学生抢答的方式，完成学生工作页填写。

（五）教学过程

阶段	项目教学过程		学生学的活动	教师教的活动
1	项目引入	项目描述	1. 了解轴类零件的结构特征。 2. 能根据零件图进行工艺分析，并制定加工步骤，完成相关表格的填写。	1. 展示工件和零件图导入本次任务，并说明通过实施本任务，熟悉轴类零件的结构特征及加工工艺的制定原则和制定方法。 2. 描述性讲解本次任务的内容为：针对轴类零件图进行工艺分析，确定加工步骤。 3. 解释性讲解通过本任务学会填写相关的工艺表格，并熟练使用相关的工具。
		知识准备	识记并了解轴类零件的结构特征，熟悉制定车削步骤应该考虑的方面。	解释性讲解车床的结构特征、识图读图的方法和步骤、轴类零件安排车削步骤应考虑的注意事项。
		任务定位	1. 能正确填写相关工艺表格。 2. 组长根据任务进行分工，每位组员熟悉自己的工作内容。	1. 展示相关表格。 2. 描述性讲解轴类零件工艺分析的相关知识点。 3. 示范如何识图读图，制定车削工艺。 4. 逐一指导组长完成表格填写，判断其任务完成质量，严格纠正存在的错误。 5. 归纳性讲解任务完成过程中存在的共性问题。 6. 确认所有学生熟悉工艺分析的步骤并进入了工作者角色。

续表

阶段	项目教学过程		学生学的活动	教师教的活动
2	项目实施	步骤1:工具准备	各组根据备料单进行检查准备，认识使用的工、量、刃具、量具，熟悉使用方法，明确各自的任务内容。	1. 根据备料单准备工、量、刃具，发放学生工作页。 2. 描述性讲解该任务的内容、工作方法与诀窍。
		步骤2:车刀准备	刃磨车刀，了解外圆车刀的种类、特征和用途，熟悉工、量具的使用方法。	引导回顾上节学习内容，进一步强调90°车刀、45°车刀的刃磨要求，指导完成工、量具的准备。
		步骤3:知识准备	按照任务指导书，了解轴类零件的结构特征，制定车削步骤应该注意的事项。	讲授轴类零件的结构特征，并引导组内通过讨论识图的方法和步骤，强调制定车削工艺的注意事项。
		步骤4:实操演练	在组长的带领下，严格按照既定的示范过程操作。其间，组长负责带领全组成员按时完成任务，并达到本项目要求的质量。	1. 巡回指导各组完成任务，判断其完成质量，严格纠正存在的错误。 2. 归纳性讲解任务完成过程中存在的共性问题。
		步骤5:现场管理	展示完成的表格，整理学习笔记，进一步理解轴类零件车削步骤制定注意事项，打扫现场，上交学生工作页。	1. 引导学生思考。2. 对比各组制定的加工步骤，确定最优方案。3. 设计题目检查学生对基本知识是否掌握。4. 学生工作页是否按要求完成上交。
3	项目总结	项目展示与总体评价	1. 组长检查小组成员对知识的掌握情况。 2. 组内讨论本小组操作过程。 3. 根据教师点评，小组内总结本次任务实施过程。	1. 安排组长公布各组员的掌握情况。 2. 对学生的操作进行点评，指出存在的问题。
		项目学习小结	复述轴类零件工艺分析的注意事项。	带领学生总结如何识图读图，制定合理的车削工艺。

（六）技能评价

序号	技能	评判结果	
		是	否
1	分析工艺，确定加工步骤，填写相关表格。		

二、学生工作页

学生工作页

工作任务：分析台阶轴车削工艺

一、工作目标（完成工作最终要达到的成果的形式）

分析工艺，确定加工步骤，填写相关表格。

二、工作实施（过程步骤、技术参数、要领等）

1. 准备工、量、刃具

序号	名称	规格	精度	数量
1	千分尺	25～50	0.01	1
2	游标卡尺	0～150	0.02	1
3	钢直尺	0～150	1	1
4	外圆车刀	45°	——	自定
5	外圆车刀	90°	——	自定
6	常用工具	——	——	自定

2. 填写切削用量卡片

刀具	加工内容	主轴转速 (r/min)	进给量 (mm/r)	背吃刀量 (mm)
45° 外圆车刀	端面			
90° 外圆车刀	粗车外圆			
	精车外圆			

3. 填写机械加工工艺过程卡片

加工步骤	加工简图	加工内容	备注

三、工作反思（检验评价、总结拓展等）

1. 课堂中遇到的问题：

序号	遇到问题	解决方法
1		□老师指导□同学帮助□自我学习□待解决
2		□老师指导□同学帮助□自我学习□待解决
3		□老师指导□同学帮助□自我学习□待解决
4		□老师指导□同学帮助□自我学习□待解决
5		□老师指导□同学帮助□自我学习□待解决
6		□老师指导□同学帮助□自我学习□待解决
7		□老师指导□同学帮助□自我学习□待解决
8		□老师指导□同学帮助□自我学习□待解决
9		□老师指导□同学帮助□自我学习□待解决

2. 你明白了吗？

序号	问题	回答
1	轴类零件的结构特征	□明白□有点明白□不明白
2	轴类零件的工艺特点	□明白□有点明白□不明白

任务二 车外圆、端面和阶台

一、教学设计

（一）任务描述

该图纸为典型的台阶轴，是轴类零件中用的最多的、结构最为典型的一种轴类零件，主要用于支撑齿轮、带轮等传动零件，并传递转矩，其中的外圆柱面是最基本的表面，要求按照图纸要求加工出外圆、端面和阶台，达到图纸上的精度要求。

序号	检测项目	配分	评分标准	检测结果	得分
1	外圆公差六处	5×6	超0.01扣2分，超0.02不得分		
2	外圆Ra3.2 六处	3×6	降一级扣2分		
3	长度公差六处	3×6	超差不得分		
4	倒角二处	2×2	不合格不得分		
5	清角去锐边十处	10	不合格不得分		
6	平端面二处	2×2	不合格不得分		
7	工件外观	6	不完整扣分		
	安全文明操作	10	违章扣分		
总分		100	总得分		

（二）教学目标

1. 学会正确安装工件和车刀，车削台阶轴。

2. 学会使用车床刻度盘控制计算外圆直径、台阶长度。

（三）教学资源

PPT多媒体教学课件

摄像仪视频演示

每6人一台CA6140型车床

准备清单中的工、量、刃具

每人一份任务操作单

（四）教学组织

搭建基于生产车间的组织管理架构：师傅+"5员"学习团队小组+HSE安全监督员。

模拟岗位的分组教学：工作角色由生产调度员+普车工艺员+刀具刃磨员+机床操作员+产品质检员组成，根据不同课题，学生在小组内轮流担任不同工作角色，实现与企业工作岗位相对接。

通过PPT多媒体教学课件，展现课程任务。根据课程任务，采用小组讨论、教师引领、学生抢答的方式，完成学生工作页填写。

（五）教学过程

阶段	项目教学过程		学生学的活动	教师教的活动
1	项目引入	项目描述	观察图纸，理解需要加工的内容和应达到的技术要求。	展示图纸和加工好的工件。 描述该项目要求；按图纸要求完成台阶轴中的外圆、端面、阶台的加工。 解释通过该项目需达到的教学目标。
		知识准备	识记：1. 工件、车刀的安装注意事项；2. 车外圆、端面的步骤与方法；3. 阶台长度控制方法；4. 倒角及加工；5. 刻度盘的计算与应用。	解释性讲解工件、刀具安装的注意事项，外圆、端面的加工步骤，阶台长度的控制方法，根据背吃刀量计算刻度盘格数的方法。
		任务定位	1. 按照步骤完成零件的加工。 2. 组长根据任务进行分工，每位组员熟悉自己的工作内容。	1. 展示零件图。 2. 描述性讲解轴类零件加工过程中的相关知识点。 3. 示范如何安装工件、车刀，如何车削外圆、端面，控制阶台长度。 4. 逐一指导组长，判断其任务完成质量，严格纠正存在的错误。 5. 归纳性讲解任务完成过程中存在的共性问题。 6. 确认所有学生熟悉加工的步骤并进入了工作者角色。

续表

阶段	项目教学过程		学生学的活动	教师教的活动
2	项目实施	步骤1：车床调整	根据上节课完成的表格将进给量、主轴转速调整到位，根据安全、文明生产的要求将工、量、刃具摆放到位。	设计问题启发学生思考；检查学生对车床基本操作的掌握是否熟练。
		步骤2：工艺准备	根据毛坯和图纸检查工件的加工余量，大致确定纵向进给次数。	描述性讲解背吃刀量的计算方法，确定背吃刀量在粗车和精车时确定的原则。
		步骤3：操作演示	观察教师示范，理解操作要领和注意事项。	示范车刀和工件的安装，示范外圆、端面的车削，阶台长度的控制方法，倒角的车削，强调注意事项和操作要领。
		步骤4：实操演练	按照工艺步骤完成外圆、端面、阶台、倒角的加工	1. 巡回指导各组完成任务，判断其完成质量，严格纠正存在的错误。2. 归纳性讲解任务完成过程中存在的共性问题。
		步骤5：整理现场	展示完成的零件，整理学习笔记，进一步理解轴类零件外圆、端面、阶台、倒角的加工方法，打扫现场，上交学生工作页。	1. 引导学生思考。2. 对比各组完成的工件。3. 设计题目检查学生对基本知识是否掌握。4. 学生工作页是否按要求完成上交。
3	项目总结	项目展示与总体评价	1. 组长检查小组成员对知识的掌握情况。2. 组内讨论本小组操作过程。3. 根据教师点评，小组内总结本次任务实施过程。	1. 安排组长公布各组员的掌握情况。2. 对学生的操作进行点评，指出存在的问题。
		项目学习小结	复述轴类零件加工过程中的注意事项，理解保证尺寸精度和表面粗糙度的操作要领。	带领学生总结如何根据图纸要求制定合理的车削工艺完成零件的加工。

（六）技能评价

序号	技能	评判结果	
		是	否
1	根据尺寸精度和表面粗糙度的要求完成轴类零件的加工。		

二、任务操作单

任务操作单

工作任务：车削外圆、端面

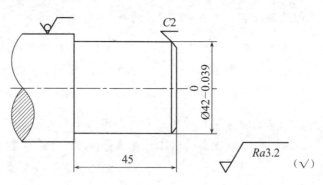

安全及其他注意事项：1. 车床操作符合安全文明生产的要求；2. 左右手配合熟练，熟练应用床鞍手轮、中滑板手柄进退刀；3. 熟识中滑板丝杠刻度盘格数与切削深度的关系。

	步骤	操作方法与说明	质量	备注
1	识图准备	1. 准备90°车刀、游标卡尺、卡盘扳手等工、卡、量、刃具。 2. 测量毛坯，根据图样检查。 3. 确定纵向进给的次数。	1. 工具摆放符合安全文明生产要求。 2. 会计算加工余量，并根据工艺要求确定纵向进给次数。	P-E

	步骤	操作方法与说明	质量	备注
2	车端面	1. 用三爪自定心卡盘夹住毛坯20 mm左右，找正并夹紧。 2. 安装90°车刀。 3. 逆时针旋转刀架，使主切削与端面有5°~10°的夹角。 4. 车刀轻碰端面，中滑板移动车刀至零件外，轴向进刀0.5 mm。 5. 径向均匀进刀（建议手动进给）车至毛坯回转中心。 6. 车刀远离毛坯，停车。	1. 车刀刀尖对准中心，毛坯安装正确可靠。 2. 端面平整，无凸台或凹面。	P–M
3	刻线	1. 游标卡尺的深度尺伸长45 mm。 2. 车刀移动至深度尺尾部。 3. 启动车床，在毛坯表面刻线。	划线清晰	P–D
4	粗车外圆	1. 根据粗加工要求的主轴转速和进给量调整主轴箱和进给箱手柄。 启动车床使工件旋转。 2. 左手摇动床鞍手轮，右手摇动中滑板手柄，使车刀刀尖靠近并轻轻地接触工件待加工表面。 反向摇动床鞍手轮（此时中滑板手柄不动），使车刀向右离开工件3~5 mm。 3. 顺时针摇动中滑板手柄，使车刀横向进刀（远离操作者的方向）。 4. 中滑板丝杠上的刻度盘分为100格，每转过1格，表示刀架横向移动0.05 mm。 5. 粗加工阶段可取较大的切削深度，建议取2~4 mm。 6. 车刀进刀后做纵向移动2 mm左右。 7. 纵向快退，停车测量。 如尺寸符合要求，可继续车削； 如尺寸还大，可加大切削深度，如尺寸过小，则减小切削深度。 根据试切削调节好切削深度； 选择手动进给或机动进给。 8. 车削到划线处，退出车刀，停车测量。 9. 多次进给，直到被加工表面达到留有2 mm精车余量的尺寸。	1. 动作熟练，飞出的切屑小。 2. 进退刀方向正确。 3. 切削深度符合粗加工的工艺要求。 4. 中滑板丝杠转动格数与切削深度相符。 5. 根据测量结果灵活选择切削深度。	P–D

步骤		操作方法与说明	质量	备注
5	精车长度	1. 测量长度是否有精车余量。 2. 车刀移动近阶台处，径向进刀轻碰外圆。 3. 小滑板轴向进刀车长度。 4. 车削完成后，检查长度尺寸，确定长度合格。	1. 动作熟练、规范。 2. 尺寸符合图纸要求。	P–D
6	精车外圆	1. 根据精加工要求选择较高的转速和较小的进给量。 2. 车刀轻碰外圆后，根据精车余量径向进刀。 3. 车刀进刀后做纵向移动1 mm左右。 4. 纵向快退，停车测量。 如尺寸符合要求，可继续车削； 如尺寸还大，可加大切削深度，如尺寸过小，则减小切削深度。 根据试切削调节好切削深度； 选择手动进给或机动进给。 5. 车削到划线处，退出车刀，停车测量。 6. 多次进给，直到被加工表面达到符合图纸要求的尺寸。	1. 进给结束能准确完成退刀动作。 2. 车刀进给动作熟练连贯。 3. 车削完成的工件符合图纸的技术要求。	P–M
7	倒角	1. 刀架逆时针旋转45°，使用副刀刃车削倒角。 2. 车刀刀刃轻碰零件棱角后，中滑板径向进给2 mm。	1. 动作熟练、规范。 2. 尺寸符合图纸要求。	P–D
8	检查	检查加工的工件长度和直径尺寸是否合格。	量具使用规范，读数准确。	P–D

三、学生工作页

学生工作页

工作任务：车削外圆、端面

一、工作目标（完成工作最终要达到的成果）

车削外圆、端面

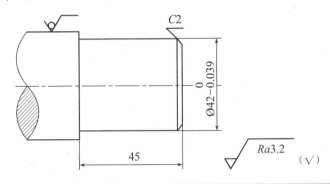

二、工作实施（过程步骤、技术参数、要领等）

1. 识图准备（填写毛坯测量结果，并计算加工余量，确定纵向进刀次数）。

2. 车端面（填写操作步骤）。

3. 刻线（填写操作步骤）。

4. 粗车外圆（填写操作步骤）。

5. 精车长度（填写操作步骤）。

6.精车外圆（填写操作步骤）。

7.倒角（填写操作步骤）。

8.检查（填写操作步骤）。

三、工作反思（检验评价、总结拓展等）

1.课堂中遇到的问题：

序号	遇到问题	解决方法
1		□老师指导□同学帮助□自我学习□待解决
2		□老师指导□同学帮助□自我学习□待解决
3		□老师指导□同学帮助□自我学习□待解决
4		□老师指导□同学帮助□自我学习□待解决
5		□老师指导□同学帮助□自我学习□待解决
6		□老师指导□同学帮助□自我学习□待解决

2.你明白了吗?

序号	问题	回答
1	外圆车刀的种类、特征、用途	□明白□有点明白□不明白
2	车刀的安装注意事项	□明白□有点明白□不明白
3	在三爪自定心卡盘上安装工件	□明白□有点明白□不明白

任务三 台阶轴质量控制

一、教学设计

（一）任务描述

通过对完成的工件进行质量分析，让学生了解在车削轴类零件时可能产生废品的种类、原因，熟识预防措施，提高零件的加工质量，熟练应用各种量具。

（二）教学目标

1. 能根据零件图的要求对零件进行检验并对产品进行质量分析。
2. 能理解产生废品的原因和预防措施。

（三）教学资源

PPT多媒体教学课件

摄像仪视频演示

每6人一台CA6140型车床

准备清单中的工、量、刃具

每人两份任务操作单

（四）教学组织

搭建基于生产车间的组织管理架构：师傅+"5员"学习团队小组+HSE安全监督员。

模拟岗位的分组教学：工作角色由生产调度员+普车工艺员+刀具刃磨员+机床操作员+产品质检员组成，根据不同课题，学生在小组内轮流担任不同工作角色，实现与企业工作岗位相对接。

通过PPT多媒体教学课件，展现课程任务。根据课程任务，采用小组讨论、教师引领、学生抢答的方式，完成学生工作页填写。

（五）教学过程

阶段	项目教学过程		学生学的活动	教师教的活动
1	项目引入	项目描述	通过观看视频及分析上次任务完成的工件，理解车削时可能产生废品的种类、原因及预防措施。	1. 展示各组完成的零件。 2. 描述性讲解废品产生的种类和原因。 3. 解释性讲解学会分析零件的完成质量，并将预防措施应用到车削加工。

续 表

阶段	项目教学过程		学生学的活动	教师教的活动
1	项目引入	知识准备	识记并理解车削轴类零件废品产生的原因、预防措施。常用量具的使用技巧。	解释性讲解不同废品的产生原因和预防措施，点评量具的使用方法。
		任务定位	1. 对比合格工件讨论并确定工件存在的问题。 2. 组长根据任务进行分工，每位组员熟悉自己的工作内容。	1. 展示每个工件的评分表。 2. 描述性讲解轴类零件质量分析中的相关知识点。 3. 示范如何对工件进行质量分析。 4. 逐一指导组长，判断其任务完成质量，严格纠正存在的错误。 5. 归纳性讲解任务完成过程中存在的共性问题。 6. 确认所有学生熟悉质量分析的步骤并进入了工作者角色。
2	项目实施	步骤1：反思总结	观看视频，与合格零件对比组内讨论完成的工件存在的问题。	展示高年级学生完成的合格零件，播放视频，讲授产生废品的原因。
		步骤2：自评打分	组内自评，并根据评分表交叉打分。	引导学生思考量具的使用方法，描述性讲述评分表的打分原则。
		步骤3：教师评分	观察教师评分过程，并与自评分数对比。	检验各组完成的工件。
		步骤4：反思提升	整理学习笔记，进一步理解车削过程中提高质量的预防措施；完成任务操作单（2）的填写，并上交学生工作页。	对加工质量方面存在的共性问题针对性点评，并启发思考加工过程，找出预防的措施；检查学生完成情况。

续表

阶段	项目教学过程		学生学的活动	教师教的活动
3	项目总结	项目展示与总体评价	1. 组长检查小组成员对知识的掌握情况。 2. 组内讨论本小组操作过程。 3. 根据教师点评，小组内总结本次任务实施过程。	1. 安排组长公布各组员的掌握情况。 2. 对学生的操作进行点评，指出存在的问题。
		项目学习小结	复述轴类零件加工过程中的废品产生的原因，理解预防措施在加工中的应用。	带领学生总结如何通过对零件的质量分析提高加工的质量。

（六）技能评价

序号	技能	评判结果	
		是	否
1	通过对零件的质量分析确定预防措施。		

二、任务操作单

任务操作单（1）

工作任务：通过检测完成的台阶轴零件，学会使用游标卡尺和千分尺，学会根据评分标准自检工件外圆和端面。

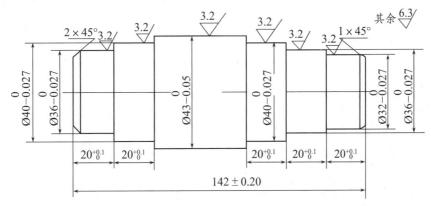

安全及其他注意事项：1. 规范使用各种量具，熟悉测量的注意事项；2. 测量认真，读数准确；3. 严格按照评分标准进行自测打分。

	检测点	检测方法	检测标准	备注
1	外圆公差六处	使用千分尺直接测量	超0.01扣2分，超0.02不得分	P–M
2	外圆Ra3.2六处	与粗糙度标准样板比较，通过视觉、触感进行比较评定	降一级扣2分	P–E
3	长度公差六处	使用游标卡尺直接测量	超差不得分	P–M
4	倒角二处	目测或使用游标卡尺测量	不合格不得分	P–E
5	清角去锐边十处	目测观察	不合格不得分	P–E
6	平端面二处	使用刀口尺检测	不合格不得分	P–E
7	工件外观	目测观察	不完整扣分	P–E

任务操作单（2）

工作任务：根据学生加工完成的台阶轴，分析废品产生的原因，理解预防措施。

安全及其他注意事项：产生的废品种类不同，原因也不同，通过分析不同废品的产生原因，理解预防措施，进一步提高工件的加工质量。

	问题情境	原因	行动	备注
1	尺寸精度达不到要求			C–M
				C–M
				C–M
				C–M
				C–M

续 表

	问题情境	原因	行动	备注
2	表面粗糙度达不到要求			C–M
				C–M
				C–M
				C–M
				C–M
3	端面产生凹或凸			C–M
				C–M
4	阶台不垂直			C–M
				C–M

三、学生工作页

学生工作页

工作任务：台阶轴质量检测

一、工作目标（完成工作最终要达到的成果）

通过检测完成的台阶轴零件，学会使用游标卡尺和千分尺，学会根据评分标准自检工件外圆和端面。

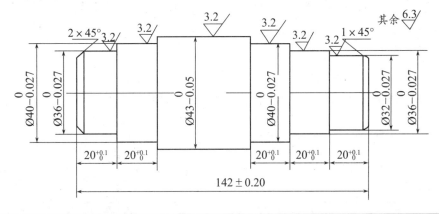

二、工作实施（过程步骤、技术参数、要领等）

1. 使用千分尺测量外圆公差（填写检测结果，根据评定标准打分）。

2. 与粗糙度标准样板比较，通过视觉、触感进行比较评定外圆Ra3.2（填写检测结果，根据评定标准打分）。

3. 用游标卡尺测量长度公差（填写检测结果，根据评定标准打分）。

4. 目测或使用游标卡尺测量倒角（填写检测结果，根据评定标准打分）。

5. 目测观察清角去锐边（填写检测结果，根据评定标准打分）。

6. 使用刀口尺检测平端面 （填写检测结果，根据评定标准打分）。

7. 目测观察工件外观（填写检测结果，根据评定标准打分）。

三、工作反思（检验评价、总结拓展等）

1. 课堂中遇到的问题：

序号	遇到问题	解决方法
1		□老师指导□同学帮助□自我学习□待解决
2		□老师指导□同学帮助□自我学习□待解决
3		□老师指导□同学帮助□自我学习□待解决
4		□老师指导□同学帮助□自我学习□待解决
5		□老师指导□同学帮助□自我学习□待解决
6		□老师指导□同学帮助□自我学习□待解决
7		□老师指导□同学帮助□自我学习□待解决
8		□老师指导□同学帮助□自我学习□待解决
9		□老师指导□同学帮助□自我学习□待解决

2. 你明白了吗？

序号	问题	回答
1	轴类零件废品产生的原因和预防方法	□明白□有点明白□不明白
2	游标卡尺的结构及使用方法	□明白□有点明白□不明白
3	千分尺的结构及使用方法	□明白□有点明白□不明白

项目三　车削锥轴套配合件

● 项目描述 ●

　　"车削锥轴套轴"是根据《车工工艺与技能训练》——中级车工技能考核要求编入的核心项目。该项目涵盖了分析车削工艺、车槽与切断、车圆锥面、钻孔、车孔、质量控制等多个任务模块，通过项目学习与实践，引导学生加工出合格的锥轴套配合件。

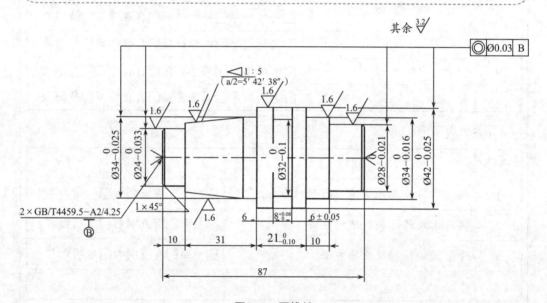

图3-1　圆锥轴

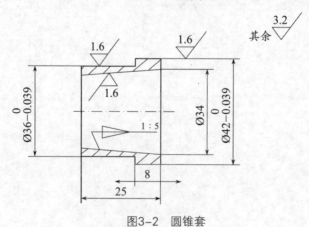

图3-2　圆锥套

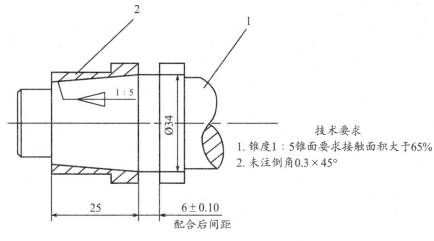

技术要求
1. 锥度1:5锥面要求接触面积大于65%
2. 未注倒角0.3×45°

图3-3 锥轴套的配合

任务一 分析锥轴套配合件车削工艺

一、教学设计

(一)任务描述

加工合格的零件除了保证零件的尺寸精度和表面粗糙度外,还应保证其形状和位置精度的要求,因此零件加工前要通过分析研究该零件图,制定工艺规程来指导生产,保证质量。通过本任务的实施,学会填写三种表格,并熟悉锥轴套零件的结构特征及加工工艺的制定原则和制定方法,并刃磨准备好车刀。

1. 工、量、刃具的准备

序号	名称	规格	精度	数量
1	千分尺	25～50	0.01	1
2	千分尺	0～25	0.01	1
3	游标卡尺	0～150	0.02	1
4	深度游标卡尺	0～200	0.02	1
5	钢直尺	0～150	1	1
6	外圆车刀	45°	——	自定

序号	名称	规格	精度	数量
7	外圆车刀	90°	——	自定
8	通孔车刀	$\varphi24 \times 40$	——	自定
9	外切槽刀	刀头宽4	——	自定
10	麻花钻	$\varphi22$	——	自定
11	中心钻	A2.5	——	自定
12	1-13钻夹头	莫氏5	——	自定
13	活络顶尖	莫氏5	——	自定
14	铜皮	$0.05 \sim 2$	——	自定
15	红丹粉	——	——	自定
16	常用工具	——	——	自定

2. 切削用量选取

刀具	加工内容	主轴转速 (r/min)	进给量 mm/r	背吃刀量 (mm)
45° 外圆车刀	端面	800	0.1	$0.1 \sim 1$
90° 外圆车刀	粗车外圆	500	0.3	2
	精车外圆	1 000	0.1	0.25
	粗车圆锥	700	0.2	$1 \sim 2$
	精车圆锥	1 000	0.08	0.25
$\varphi25$麻花钻	钻孔	260	——	——
通孔车刀	粗车内孔	400	0.2	1
	精车内孔	700	0.1	0.15
	粗车内锥	400	0.2	$1 \sim 2$
	精车内锥	700	0.08	0.15
外切槽刀	切槽	500		
中心钻	钻中心孔	1 000		

3. 机械加工工艺过程

加工步骤	加工简图	加工内容	备注

（二）教学目标

1. 能正确填写工艺卡。

2. 能理解锥轴套零件的工艺特点。

3. 能描述工艺卡片的填写步骤。

（三）教学资源

PPT多媒体教学课件

摄像仪视频演示

每6人一台CA6140型车床

准备清单中的工、量、刃具

（四）教学组织

搭建基于生产车间的组织管理架构：师傅+"5员"学习团队小组+HSE安全监督员。

模拟岗位的分组教学：工作角色由生产调度员+普车工艺员+刀具刃磨员+机床操作员+产品质检员组成，根据不同课题，学生在小组内轮流担任不同工作角色，实现与企业工作岗位相对接。

通过PPT多媒体教学课件，展现课程任务。根据课程任务，采用小组讨论、教师引领、学生抢答的方式，完成学生工作页填写。

（五）教学过程

阶段	项目教学过程	学生学的活动	教师教的活动
1	项目引入	项目描述	1. 了解锥轴套零件的结构特征。 2. 能根据零件图进行工艺分析，并制定加工步骤，完成相关表格的填写。	1. 展示工件和零件图导入本次任务，并说明通过本任务实施，熟悉锥轴套零件的结构特征及加工工艺的制定原则和制定方法。 2. 描述性讲解本次任务的内容为：针对锥轴套零件进行工艺分析，确定加工步骤。 3. 解释性讲解"通过本任务学会填写相关的工艺表格，并熟练使用相关的工具"。

阶段	项目教学过程		学生学的活动	教师教的活动
1	项目引入	知识准备	识记并了解锥轴套零件的结构特征，熟悉制定车削步骤应该考虑的方面。	解释性讲解零件的结构特征、识图读图的方法和步骤、锥轴套零件安排车削步骤应考虑的注意事项。
		任务定位	1. 讨论并理解相关工艺表格的填写步骤。 2. 组长根据任务进行分工，每位组员熟悉自己的工作内容。	1. 展示相关表格。 2. 描述性讲解锥轴套零件工艺分析的相关知识点。 3. 示范如何识图读图，制定车削工艺。 4. 逐一指导组长完成表格填写，判断其任务完成质量，严格纠正存在的错误。 5. 归纳性讲解任务完成过程中存在的共性问题。 6. 确认所有学生熟悉工艺分析的步骤并进入了工作者角色。
2	项目实施	步骤1：工具准备	各组根据备料单进行检查准备，认识使用的工具、刃具、量具，熟悉使用方法，明确各自的任务内容。	1. 根据备料单准备工、量、刃具，发放学生工作页。 2. 描述性讲解该任务的内容、工作方法与诀窍。
		步骤2：刃磨车刀	观察刃磨切槽刀的步骤，了解切槽刀的种类、特征和用途，熟悉工、量具的使用方法。	演示刃磨切槽刀，进一步强调切槽刀的刃磨要求，指导完成工、量具的准备。
		步骤3：知识准备	听取锥轴套零件的结构特征、制定车削步骤应该注意的事项。	讲授锥轴套零件的结构特征，并引导组内讨论识图的方法和步骤，强调制定车削工艺的注意事项。

续 表

阶段	项目教学过程	学生学的活动	教师教的活动
	步骤4：实操演练	在组长的带领下，严格按照既定的示范过程操作，期间组长负责带领全组成员按时完成任务，并达到本项目要求的质量。	1. 巡回指导各组完成任务，判断其完成质量，严格纠正存在的错误。 2. 归纳性讲解任务完成过程中存在的共性问题。
	步骤5：整理现场	展示刃磨完成的车刀和完成的表格，整理学习笔记，进一步理解锥轴套零件车削步骤制定注意事项，打扫现场，上交学生工作页。	引导学生思考；检查学生刃磨好的车刀；对比各组制定的加工步骤，确定最优方案；设计题目检查学生对基本知识是否掌握；学生工作页是否按要求完成上交。
3 项目总结	项目展示与总体评价	1. 组长检查小组成员对知识的掌握情况。 2. 组内讨论本小组操作过程。 3. 根据教师点评，小组内总结本次任务实施过程。	1. 安排组长公布各组员的掌握情况。 2. 对学生的操作进行点评，指出存在的问题。
	项目学习小结	复述锥轴套零件工艺分析的注意事项。	带领学生总结如何识图读图，制定合理的车削工艺。

（六）技能评价

序号	技能	评判结果	
		是	否
1	分析工艺，确定加工步骤，填写相关表格。		

二、学生工作页

<table>
<tr><td colspan="5" align="center">学生工作页</td></tr>
<tr><td colspan="5">工作任务：分析锥轴套配合件车削工艺</td></tr>
<tr><td colspan="5">一、工作目标（完成工作最终要达到的成果）</td></tr>
<tr><td colspan="5">分析工艺，确定加工步骤，填写相关表格。</td></tr>
<tr><td colspan="5">二、工作实施（过程步骤、技术参数、要领等）</td></tr>
<tr><td colspan="5">1. 准备工、量、刃具。</td></tr>
<tr><td align="center">序号</td><td align="center">名称</td><td align="center">规格</td><td align="center">精度</td><td align="center">数量</td></tr>
<tr><td align="center">1</td><td align="center">千分尺</td><td align="center">25～50</td><td align="center">0.01</td><td align="center">1</td></tr>
<tr><td align="center">2</td><td align="center">千分尺</td><td align="center">0～25</td><td align="center">0.01</td><td align="center">1</td></tr>
<tr><td align="center">3</td><td align="center">游标卡尺</td><td align="center">0～150</td><td align="center">0.02</td><td align="center">1</td></tr>
<tr><td align="center">4</td><td align="center">深度游标卡尺</td><td align="center">0～200</td><td align="center">0.02</td><td align="center">1</td></tr>
<tr><td align="center">5</td><td align="center">钢直尺</td><td align="center">0～150</td><td align="center">1</td><td align="center">1</td></tr>
<tr><td align="center">6</td><td align="center">外圆车刀</td><td align="center">45°</td><td align="center">——</td><td align="center">自定</td></tr>
<tr><td align="center">7</td><td align="center">外圆车刀</td><td align="center">90°</td><td align="center">——</td><td align="center">自定</td></tr>
<tr><td align="center">8</td><td align="center">通孔车刀</td><td align="center">$\varphi24\times40$</td><td align="center">——</td><td align="center">自定</td></tr>
<tr><td align="center">9</td><td align="center">外切槽刀</td><td align="center">刀头宽4</td><td align="center">——</td><td align="center">自定</td></tr>
<tr><td align="center">10</td><td align="center">麻花钻</td><td align="center">$\varphi22$</td><td align="center">——</td><td align="center">自定</td></tr>
<tr><td align="center">11</td><td align="center">中心钻</td><td align="center">A2.5</td><td align="center">——</td><td align="center">自定</td></tr>
<tr><td align="center">12</td><td align="center">1-13钻夹头</td><td align="center">莫氏5</td><td align="center">·</td><td align="center">自定</td></tr>
<tr><td align="center">13</td><td align="center">活络顶尖</td><td align="center">莫氏5</td><td align="center">——</td><td align="center">自定</td></tr>
<tr><td align="center">14</td><td align="center">铜皮</td><td align="center">0.05～2</td><td align="center">——</td><td align="center">自定</td></tr>
<tr><td align="center">15</td><td align="center">红丹粉</td><td align="center">——</td><td align="center">——</td><td align="center">自定</td></tr>
<tr><td align="center">16</td><td align="center">常用工具</td><td align="center">——</td><td align="center">——</td><td align="center">自定</td></tr>
</table>

2. 填写切削用量卡片。

刀具	加工内容	主轴转速 （r/min）	进给量 （mm/r）	背吃刀量 （mm）
45° 外圆车刀	端面			
90° 外圆车刀	粗车外圆			
	精车外圆			
	粗车圆锥			
	精车圆锥			
$\varphi25$麻花钻	钻孔			
通孔车刀	粗车内孔			
	精车内孔			
	粗车内锥			
	精车内锥			
外切槽刀	切槽			
中心钻	钻中心孔			

3. 填写机械加工工艺过程卡片。

加工步骤	加工简图	加工内容	备注

三、工作反思（检验评价、总结拓展等）

1. 课堂中遇到的问题：

序号	遇到问题	解决方法
1		□老师指导□同学帮助□自我学习□待解决
2		□老师指导□同学帮助□自我学习□待解决
3		□老师指导□同学帮助□自我学习□待解决
4		□老师指导□同学帮助□自我学习□待解决
5		□老师指导□同学帮助□自我学习□待解决
6		□老师指导□同学帮助□自我学习□待解决

2. 你明白了吗？

序号	问题	回答
1	锥轴套配合件的结构特征	□明白□有点明白□不明白
2	锥轴套配合件的工艺特点	□明白□有点明白□不明白

任务二　车槽和切断

一、教学设计

（一）任务描述

沟槽一般用作退刀或密封，还能用作轴肩部的清角，使零件装配时有一个正确的轴向位置。而切断加工在用较长毛坯加工较短零件时也是经常用到的。因此，车槽与切断是车工的基本操作技能之一。在零件图纸的圆锥轴上开有一处宽度为8 mm、深度为5 mm的直沟槽，本任务是通过正确刃磨外切槽刀完成符合图纸技术要求的外沟槽的加工。

序号		检测项目	配分	评分标准	检测结果	得分
圆锥轴	1	外圆公差五处	5×5	超0.01扣2分，超0.02不得分		
	2	外圆Ra1.6三处	3×3	降一级扣2分		
	3	长度公差两处	3×2	超差不得分		
	4	无公差长度五处	2×5	超差不得分		
	5	倒角二处	2×2	不合格不得分		
	6	清角去锐边六处	3	不合格不得分		
	7	平端面二处	2×2	不合格不得分		
	8	锥度1：5±4′18″ Ra1.6	13	没超差2′扣2分，降级不得分		
	9	外沟槽一处	10	超差，槽壁不直扣分		
	10	中心孔	2	不符合标准不得分		
	11	工件外观	4	不完整扣分		
		安全文明操作	10	违章扣分		
总分			100	总得分		

（二）教学目标

1. 能完成符合零件图要求的外沟槽的加工和切断。

2. 能正确计算切断刀主切削刃的宽度和刀体长度。

3. 能描述车沟槽和切断的加工步骤。

4. 能在操作过程中减少振动和防止刀体折断。

（三）教学资源

PPT多媒体教学课件

摄像仪视频演示

每6人一台CA6140型车床

准备清单中的工、量、刃具

每人一份任务操作单

（四）教学组织

搭建基于生产车间的组织管理架构：师傅+"5员"学习团队小组+HSE安全监督员。

模拟岗位的分组教学：工作角色由生产调度员+普车工艺员+刀具刃磨员+机床操作员+产品质检员组成，根据不同课题，学生在小组内轮流担任不同工作角色，实现与企业工作岗位相对接。

通过PPT多媒体教学课件，展现课程任务。根据课程任务，采用小组讨论、教师引领、学生抢答的方式，完成学生工作页填写。

（五）教学过程

阶段	项目教学过程		学生学的活动	教师教的活动
1	项目引入	项目描述	观察图纸，理解需要加工的内容和应达到的技术要求。	展示图纸和加工好的工件。 描述该项目要求；按图纸要求完成外沟槽的加工。 解释通过该项目需达到的教学目标。
		知识准备	识记：1.切断刀的安装注意事项；2.外沟槽的车削方法；3.切断的方法；4.减少振动和防止刀体折断的方法。	解释性讲解切断刀的安装注意事项、外沟槽和切断的方法、加工过程中的注意事项。
		任务定位	1.能够独立完成外沟槽的加工。 2.组长根据任务进行分工，每位组员熟悉自己的工作内容。	1.展示零件图。 2.描述性讲解外沟槽加工过程中的相关知识点。 3.示范如何安装工件、车刀，如何车削外沟槽。 4.逐一指导组长，判断其任务完成质量，严格纠正存在的错误。 5.归纳性讲解任务完成过程中存在的共性问题。 6.确认所有学生熟悉加工的步骤并进入了工作者角色。

续表

阶段	项目教学过程		学生学的活动	教师教的活动
2	项目实施	步骤1：车床调整	根据上节课完成的表格将进给量、主轴转速调整到位，根据安全、文明生产的要求将工、量、刃具摆放到位。	设计问题启发思考；检查对外圆、端面、阶台的加工步骤是否熟悉。
		步骤2：加工准备	参照上次任务制定的加工步骤，完成圆锥轴的外圆、端面、阶台，并钻中心孔。	演示钻中心孔，巡回指导，检查学生对轴类零件加工过程中易出现的问题和注意事项的理解和掌握。
		步骤3：装夹车刀	装夹切断刀。	示范车刀的安装，强调注意事项。
		步骤4：实操演练	按照工艺步骤完成外沟槽的加工。	示范外沟槽的加工方法。
		步骤5：现场整理	展示完成的零件，整理学习笔记，进一步理解外沟槽的加工方法，打扫现场，上交学生工作页。	引导学生思考；对比各组完成的工件；设计题目检查学生对基本知识是否掌握；学生工作页是否按要求完成上交。
3	项目总结	项目展示与总体评价	1. 组长检查小组成员对知识的掌握情况。 2. 组内讨论本小组操作过程。 3. 根据教师点评，小组内总结本次任务实施过程。	1. 安排组长公布各组员的掌握情况。 2. 对学生的操作进行点评，指出存在的问题。
		项目学习小结	复述外沟槽加工过程中的注意事项，理解保证尺寸精度和表面粗糙度的操作要领。	带领学生总结如何在加工过程中减少振动防止刀体折断。

（六）技能评价

序号	技能	评判结果	
		是	否
1	根据尺寸精度和表面粗糙度的要求完成外沟槽的加工。		

二、任务操作单

任务操作单

工作任务：车外沟槽

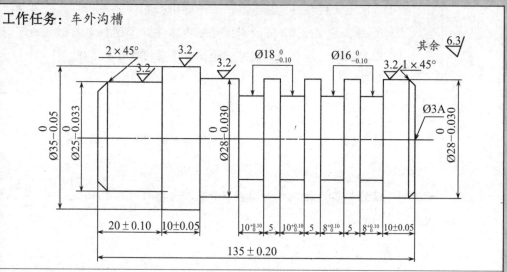

安全及其他注意事项：1. 车床操作符合安全文明生产的要求；2. 安装外切槽刀时，不宜伸出过长，主切削刃必须与工件轴线平行，与工件中心等高，两副后角对称；3. 对刀时选取左刀尖为对刀基准；4.合理选取切削用量。

步骤		操作方法与说明	质量	备注
1	选择外切槽刀	1. 根据经验公式计算主切削刃的宽度和刀体长度。 2. 根据计算出的数值和槽宽、槽深选择外切槽刀。	1. 工具摆放符合安全文明生产要求。 2. 会根据经验正确选择外切槽刀。	P-E
2	装夹外切槽刀	1.装夹毛坯，安装车刀。 2. 根据粗加工的主轴转速和进给量调整主轴箱和进给箱手柄。	1. 毛坯安装正确可靠。 2. 车刀刀尖对准中心，不宜伸出过长，主切削刃与工件轴线平行。	P-M

续表

	步骤	操作方法与说明	质量	备注
3	调节主轴转速	粗车外沟槽主轴转速选取500 r/min；精车外沟槽主轴转速选取800 r/min。	主轴箱手柄调整正确。	P—M
4	车外沟槽	1. 启动车床使工件旋转。 2. 启动切削液开关。 3. 左手摇动床鞍手轮，右手摇动中滑板手柄，使左刀尖靠近并轻轻接触工件端面。 4. 反向摇动中滑板手柄退刀3～5 mm，此时床鞍手轮不动。 5. 松开床鞍手轮的锁紧螺母，将手轮刻度盘归零。 6. 根据外沟槽左槽壁的位置尺寸计算出刻度盘应转的格数，逆时针转动手轮。 7. 顺时针转动中滑板手柄，让车刀主切削刃轻轻碰上工件表面，将刻度盘锁紧螺母松开，归零。 8. 根据槽深计算出应该中滑板进刀的格数。 9. 匀速手动进给，转到计算出的格数。 10. 根据槽宽和刀宽计算出小滑板刻度盘应转的格数，并逆时针转动小滑板手柄。 11. 顺时针转动中滑板手柄完成外沟槽的加工。	1. 切槽过程动作熟练连贯。 2. 计算过程正确熟练。 3. 车削完成的工件符合图纸的技术要求。	P—D

三、学生工作页

学生工作页
工作任务：车外沟槽
一、工作目标（完成工作最终要达到的成果）

车外沟槽

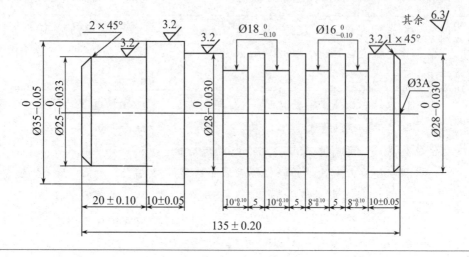

二、工作实施（过程步骤、技术参数、要领等）

1. 选择外切槽刀（根据经验公式计算主切削刃宽度和刀体长度）。

2. 装夹外切槽刀（填写操作步骤）。

3. 调节主轴转速（填写操作步骤）。

4. 车外沟槽（填写操作步骤）。

续表

三、工作反思（检验评价、总结拓展等）

1. 课堂中遇到的问题：

序号	遇到问题	解决方法
1		□老师指导□同学帮助□自我学习□待解决
2		□老师指导□同学帮助□自我学习□待解决
3		□老师指导□同学帮助□自我学习□待解决

2. 你明白了吗？

序号	问题	回答
1	切断刀的安装注意事项	□明白□有点明白□不明白
2	外沟槽的车削方法	□明白□有点明白□不明白
3	切断的方法	□明白□有点明白□不明白
4	减少振动和防止刀体折断的方法	□明白□有点明白□不明白

任务三　车圆锥面

一、教学设计

（一）任务描述

在机械制造中，除采用圆柱体和内圆柱面作为配合表面外，还有许多使用圆锥面配合的场合。该图纸便为典型的圆锥配合件，由圆锥轴和圆锥套两个零件组合而成。本次任务是在上次任务的基础上，应用转动小滑板法完成锥度为1∶5的圆锥面的加工，最终加工出符合图纸技术要求的圆锥轴，并为下次任务开展打下基础。

序号		检测项目	配分	评分标准	检测结果	得分
圆锥轴	1	外圆公差五处	5×5	超0.01扣2分，超0.02不得分		
	2	外圆Ra1.6三处	3×3	降一级扣2分		
	3	长度公差两处	3×2	超差不得分		
	4	无公差长度五处	2×5	超差不得分		
	5	倒角二处	2×2	不合格不得分		
	6	清角去锐边六处	3	不合格不得分		
	7	平端面二处	2×2	不合格不得分		
	8	锥度1∶5±4′18″ Ra1.6	13	没超差2′扣2分，降级不得分		
	9	外沟槽一处	10	超差，槽壁不直扣分		
	10	中心孔	2	不符合标准不得分		
	11	工件外观	4	不完整扣分		
		安全文明操作	10	违章扣分		
总分			100	总得分		

（二）教学目标

1. 能根据零件图的要求完成圆锥面的加工。

2. 会进行圆锥半角、圆锥直径、圆锥长度、锥度等基本参数的计算和查阅工具柄自锁圆锥的尺寸和公差等相关技术资料。

3. 会使用专用量具进行锥度和角度的检验。

（三）教学资源

PPT多媒体教学课件

摄像仪视频演示

每6人一台CA6140型车床

准备清单中的工、量、刃具

每人一份任务操作单

（四）教学组织

搭建基于生产车间的组织管理架构：师傅+"5员"学习团队小组+HSE安全监督员。

模拟岗位的分组教学：工作角色由生产调度员+普车工艺员+刀具刃磨员+机床操作员+产品质检员组成，根据不同课题，学生在小组内轮流担任不同工作角色，实现与企业工作岗位相对接。

通过PPT多媒体教学课件，展现课程任务。根据课程任务，采用小组讨论、教师引领、学生抢答的方式，完成学生工作页填写。

（五）教学过程

阶段	项目教学过程		学生学的活动	教师教的活动
1	项目引入	项目描述	观察图纸，理解需要加工的内容和应达到的技术要求。	展示图纸和加工好的工件。 描述该项目要求；按图纸要求完成外圆锥面的加工。 解释通过该项目需达到的教学目标。
		知识准备	识记：1.圆锥各部分名称及尺寸计算；2.转动小滑板车外圆锥的方法和步骤；3.万能角度尺的使用方法。	解释性讲解圆锥各部分尺寸的计算方法、转动小滑板车外锥的步骤、加工过程中的注意事项、万能角度尺的使用方法。
		任务定位	1.能理解并转动小滑板车外圆锥。 2.组长根据任务进行分工，每位组员熟悉自己的工作内容。	1.展示零件图。 2.描述性讲解外圆锥加工过程中的相关知识点。 3.示范如何通过转动小滑板车削外圆锥。 4.逐一指导组长，判断其任务完成质量，严格纠正存在的错误。 5.归纳性讲解任务完成过程中存在的共性问题。 6.确认所有学生熟悉加工的步骤并进入了工作者角色。

阶段	项目教学过程	学生学的活动	教师教的活动
2	项目实施	**步骤1：车床调整** 根据上节课完成的表格将进给量、主轴转速调整到位，根据安全、文明生产的要求将工、量、刃具摆放到位。	设计问题启发思考；提问圆锥基本参数的计算公式。
		步骤2：工艺准备 根据圆锥参数计算公式完成小端直径的计算，根据毛坯和图纸检查工件的加工余量，大致确定纵向进给次数。	巡回指导，检查学生对参数计算公式的掌握情况、计算是否准确熟练。
		步骤3：加工准备 装夹工件和车刀，根据圆锥半角偏移小滑板。	示范偏移小滑板，强调注意事项。
		步骤4：加工测量 按照工艺步骤完成外圆锥的加工，并使用万能角度尺测量。	示范外圆锥的加工方法及万能角度尺的使用方法。
		步骤5：现场整理 展示完成的零件，整理学习笔记，进一步理解外圆锥的加工方法，打扫现场，上交学生工作页。	引导学生思考；对比各组完成的工件；设计题目检查学生对基本知识是否掌握；学生工作页是否按要求完成上交。
3	项目总结	**项目展示与总体评价** 1. 组长检查小组成员对知识的掌握情况。 2. 组内讨论本小组操作过程。 3. 根据教师点评，小组内总结本次任务实施过程。	1. 安排组长公布各组员的掌握情况。 2. 对学生的操作进行点评，指出存在的问题。
		项目学习小结 复述外圆锥加工过程中的注意事项，理解保证尺寸精度和表面粗糙度的操作要领。	带领学生总结如何在加工过程中控制锥度、提高表面粗糙度。

（六）技能评价

序号	技能	评判结果	
		是	否
1	根据尺寸精度和表面粗糙度的要求完成外圆锥的加工。		

二、任务操作单

任务操作单

工作任务： 转动小滑板法车外圆锥

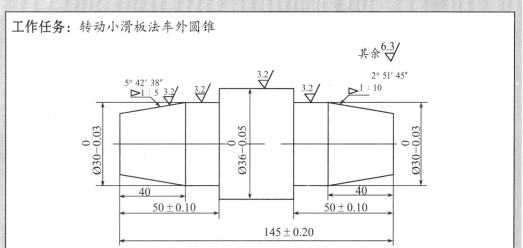

安全及其他注意事项： 1. 车床操作符合安全文明生产的要求；2. 车刀刀尖必须严格对准工件旋转中心，避免产生双曲线误差；3. 车圆锥前所加工的圆柱直径应按圆锥大端直径放余量1 mm左右；4. 车削过程中，锥度一定要严格准确地计算、调整，长度尺寸必须严格控制；5. 车刀刀刃要始终保持锋利，工件表面应一刀车出。

	步骤	操作方法与说明	质量	备注
1	装夹工件和车刀	1. 工件旋转中心与主轴旋转中心重合。 2. 车刀刀尖必须严格对准工件的回转中心。	1. 工具摆放符合安全文明生产要求。 2. 工件装夹牢固，与主轴旋转中心重合。 3. 车刀刀杆伸出长度适中，刀尖与工件回转中心等高。	P-E

步骤		操作方法与说明	质量	备注
2	确定小滑板转动角度	根据工件图样选择相应的公式计算出圆锥半角，圆锥半角即小滑板转动的角度。	根据图纸所注尺寸灵活选择公式，计算结果正确。	P—M
3	转动小滑板	1. 用扳手将小滑板下面转盘螺母松开。 2. 把转盘转至需要的圆锥半角。 3. 当刻度与基准零线对齐后锁紧转盘螺母。 4. 圆锥半角通常不是整数，通过目测估计，大致对准后通过试车逐步找正。 5. 逆时针转动小滑板车正外圆锥面（大端靠近主轴）。	1. 小滑板转动方向正确。 2. 转动角度正确。 3. 操作流程掌握熟练。	P—M
4	粗车外圆锥面	1. 按圆锥大端直径和圆锥长度车成圆柱体。 2. 调整小滑板导轨与镶条间的配合间隙。 3. 移动中、小滑板，使刀尖与轴端外圆轻轻接触，小滑板向后退出。 4. 中滑板调至零位。 5. 顺时针转动中滑板，调整背吃刀量。 6. 启动车床。 7. 双手交替转动小滑板手柄，手动进给速度均匀不间断。 8. 车至终端，将中滑板退出，小滑板后退复位。 9. 根据小端直径计算出的中滑板刻度盘格数，反复粗车工件至能塞进套规1/2，检测圆锥角度。	1. 主轴箱手柄调整正确。 2. 车削动作连贯，操作方法掌握熟练。 3. 计算结果正确。	P—M

续表

	步骤	操作方法与说明	质量	备注
5	找正圆锥角度	1. 将圆锥套规轻轻套在工件上，用手捏住套规左、右两端分别作上下摆动。 2. 如果大端有间隙说明圆锥角太小，如果小端有间隙，说明圆锥角大了。 3. 松开转盘螺母，按角度调整方向用铜棒轻轻敲动小滑板，锁紧转盘螺母。 4. 中滑板刻度调整切削深度车削。 5. 套规检测，调整，试车，留0.5～1 mm精车余量。	1. 熟练使用圆锥套规进行检测，并熟悉检测结果与工件质量的关系。 2. 根据检测结果灵活调整小滑板转动角度。	P-M
6	精车外圆锥面	1. 计算出切削深度（$a_p=a×C/2$）用游标卡尺测量工件端面至套规过端界限面的距离a。 2. 根据精加工要求选择切削用量。 3. 小滑板手动进给精车圆锥面至要求尺寸。	1. 计算公式应用熟练，计算结果计算准确。 2. 车削完成的工件符合图纸的技术要求。	P-M

三、学生工作页

学生工作页

工作任务：转动小滑板法车外圆锥

一、工作目标（完成工作最终要达到的成果）

转动小滑板法车外圆锥

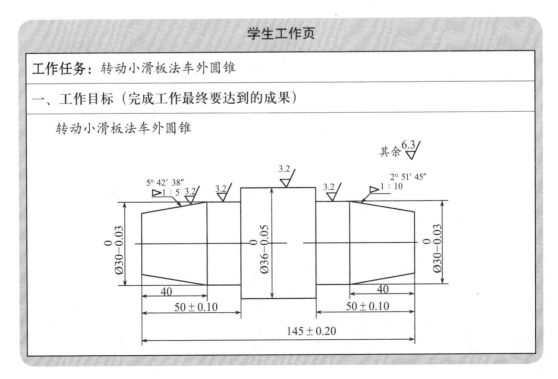

二、工作实施（过程步骤、技术参数、要领等）

1. 装夹工件和车刀（填写操作步骤）。

2. 确定小滑板转动角度（填写参数计算过程）。

3. 转动小滑板（填写操作步骤）。

4. 粗车外圆锥面（填写操作步骤）。

5. 找正圆锥角度（填写操作步骤）。

6. 精车外圆锥面（填写操作步骤）。

续表

三、工作反思（检验评价、总结拓展等）

1. 课堂中遇到的问题：

序号	遇到问题	解决方法
1		□老师指导□同学帮助□自我学习□待解决
2		□老师指导□同学帮助□自我学习□待解决
3		□老师指导□同学帮助□自我学习□待解决
4		□老师指导□同学帮助□自我学习□待解决
5		□老师指导□同学帮助□自我学习□待解决
6		□老师指导□同学帮助□自我学习□待解决
7		□老师指导□同学帮助□自我学习□待解决
8		□老师指导□同学帮助□自我学习□待解决
9		□老师指导□同学帮助□自我学习□待解决

2. 你明白了吗?

序号	问题	回答
1	圆锥各部分名称及尺寸计算	□明白□有点明白□不明白
2	转动小滑板车外圆锥的方法和步骤	□明白□有点明白□不明白
3	万能角度尺的使用方法	□明白□有点明白□不明白

任务四　钻孔、车孔

一、教学设计

（一）任务描述

在机械制造中，除采用圆柱体和内圆柱面作为配合表面外，还有许多使用圆锥面配合的场合，该图纸便为典型的圆锥配合件，由圆锥轴和圆锥套两个零件组合而成。本次任务是通过钻孔和车工的方法，完成符合图纸技术要求的圆锥轴套的加工，并与圆锥轴配合在一起，保证配合的间距和接触面积符合图纸的技术要求。

序号		检测项目	配分	评分标准	检测结果	得分
圆锥轴	1	外圆公差两处	5×2	超0.01扣2分，超0.02不得分		
	2	外圆Ra1.6两处	3×2	降一级扣2分		
	3	无公差长度两处	4×2	超差不得分		
	4	清角去锐边三处	2×3	超差不得分		
	5	平端面二处	2×2	不合格不得分		
	6	工件外观	8	不完整扣分		
配合		1：5内外锥配合接触面积大于65%，内锥Ra1.6	30	每降低10%扣2分，降级不得分		
		配合后间距6±0.10	18	超差不得分		
其他		安全文明操作	10	违章扣分		
总分			100	总得分		

（二）教学目标

1. 能根据零件图要求完成内孔的加工。

2. 能根据零件图要求完成配套圆锥的车削。

3. 能应用圆锥塞规涂色法检测圆锥孔。

（三）教学资源

PPT多媒体教学课件

摄像仪视频演示

每6人一台CA6140型车床

准备清单中的工、量、刀具

每人两份任务操作单

（四）教学组织

搭建基于生产车间的组织管理架构：师傅+"5员"学习团队小组+HSE安全监督员。

模拟岗位的分组教学：工作角色由生产调度员+普车工艺员+刀具刃磨员+机床操作员+产品质检员组成，根据不同课题，学生在小组内轮流担任不同工作角色，实现与企业工作岗位相对接。

通过PPT多媒体教学课件，展现课程任务。根据课程任务，采用小组讨论、教师引领、学生抢答的方式，完成学生工作页填写。

（五）教学过程

阶段	项目教学过程		学生学的活动	教师教的活动
1	项目引入	项目描述	观察图纸，理解需要加工的内容和应达到的技术要求。	展示图纸和加工好的工件。 描述该项目要求；按图纸要求完成配套圆锥孔的加工。 解释通过该项目需达到的教学目标。
		知识准备	识记：1. 麻花钻的组成、选用和安装方法；2. 钻孔的步骤并理解注意事项；3. 通孔车刀的装夹注意事项；4. 内孔的车削步骤；5. 内锥孔的车削步骤。	解释性讲解麻花钻、通孔车刀的安装注意事项，车削配套圆锥的方法，加工过程中的注意事项。

阶段	项目教学过程		学生学的活动	教师教的活动
1	项目引入	任务定位	1. 能理解并完成配套圆锥的加工。 2. 组长根据任务进行分工，每位组员熟悉自己的工作内容。	1. 展示零件图。 2. 描述性讲解配套圆锥加工过程中的相关知识点。 3. 示范如何安装工件、车刀、麻花钻，如何加工配套圆锥。 4. 逐一指导组长，判断其任务完成质量，严格纠正存在的错误。 5. 归纳性讲解任务完成过程中存在的共性问题。 6. 确认所有学生熟悉加工的步骤并进入了工作者角色。
2	项目实施	步骤1：车床调整	根据上节课完成的表格将进给量、主轴转速调整到位，根据安全、文明生产的要求将工、量、刃具摆放到位。	设计问题启发思考；检查学生对外圆、端面、阶台的加工步骤是否熟悉。
		步骤2：加工准备	参照上次任务制定的加工步骤，完成圆锥套的外圆、端面、阶台的加工。	巡回指导；检查学生对轴类零件加工过程中易出现的问题和注意事项的理解和掌握。
		步骤3：通孔加工	装夹麻花钻，钻通孔。	示范麻花钻安装，强调钻孔注意事项。
		步骤4：工艺计算	装夹通孔车刀，计算圆锥孔的小端直径，将内孔车削到小端直径。	示范通孔车刀的安装，演示内孔的加工步骤，启发学生思考其与外圆加工的不同点。
		步骤5：锥孔加工	转动小滑板完成配套圆锥内孔的加工。	示范转动小滑板车削圆锥孔的步骤，强调车削配套圆锥的小技巧。

续表

阶段	项目教学过程	学生学的活动	教师教的活动
	步骤6：配合检测	应用涂色法检测接触面积，并检查配合后的间距。	演示圆锥塞规涂色法。
	步骤7：现场整理	展示完成的零件，整理学习笔记，进一步理解配套圆锥的加工技巧，打扫现场，上交学生工作页。	引导学生思考；对比各组完成的工件；设计题目检查学生对基本知识是否掌握；学生工作页是否按要求完成上交。
3 项目总结	项目展示与总体评价	1. 组长检查小组成员对知识的掌握情况。 2. 组内讨论本小组操作过程。 3. 根据教师点评，小组内总结本次任务实施过程。	1. 安排组长公布各组员的掌握情况。 2. 对学生的操作进行点评，指出存在的问题。
	项目学习小结	复述配套圆锥加工过程中的注意事项，理解圆锥配合接触面积的操作要领。	带领学生总结如何在加工过程中提高配套圆锥的配合精度。

（六）技能评价

序号	技能	评判结果	
		是	否
1	根据尺寸精度和表面粗糙度的要求完成配套圆锥。		

二、任务操作单

任务操作单（1）

工作任务：钻直通孔（不加工内沟槽）

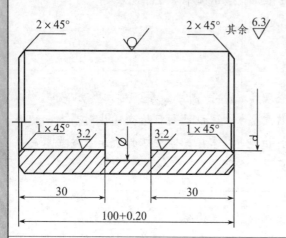

	d	总长
1	$\Phi 30^{+0.01}_{0}$	100 ± 0.20
2	$\Phi 35^{+0.05}_{0}$	100 ± 0.20
3	$\Phi 40^{+0.027}_{0}$	100 ± 0.20

安全及其他注意事项：1. 车床操作符合安全文明生产的要求；2. 钻孔前要找正尾座，使钻头中心对准工件回转中心；3. 钻削过程中注意充分加注切削液；4. 钻孔前，必须将端面车平，中心处不许留有凸台；5. 当钻头刚接触工件端面和快要钻穿时，进给量要小。

步骤	操作方法与说明	质量	备注
1 选择钻头	1. 根据钻孔直径和孔深正确选择麻花钻。 2. 钻孔后需后续车孔的工件，选择直径较小的钻头，并留有足够的车削余量。	1. 工具摆放符合安全文明生产要求。 2. 麻花钻选择正确。	P-E
2 车平端面	1. 装夹毛坯，安装45°车刀。 2. 根据粗加工的主轴转速和进给量调整主轴箱和进给箱手柄。 3. 启动车床使工件旋转。 4. 摇动中滑板手柄将毛坯端面车平，中心不许留有凸台。	1. 车刀刀尖对准中心，毛坯安装正确可靠。 2. 端面平整，无凸台。	P-M

步骤		操作方法与说明	质量	备注
3	装夹钻头	1. 找正尾座，使钻头中心对准工件回转轴线。 2. 钻头装入车床尾座套筒。 3. 将车床尾座往主轴方向推移，使钻头靠近工件端面。 4. 锁紧车床尾座。	钻头装夹牢固，中心对准工件回转中心。	P–M
4	调节主轴转速	根据钻头直径调整主轴转速为260 r/min	主轴箱手柄调整正确。	P–E
5	钻孔	1. 启动车床使工件旋转。 2. 启动切削液开关，沿麻花钻螺旋面浇注切削液。 3. 均匀缓慢地转动尾座手轮，使钻头逐步钻入工件。 4. 双手交替进行，注意钻削过程中的排屑。 5. 当钻头刚接触工件端面和快要钻穿时，进给量要小。	1. 钻削过程动作熟练连贯。 2. 车削完成的工件符合图纸的技术要求。	P–D

任务操作单（2）

工作任务： 车锥孔

安全及其他注意事项： 1. 车床操作符合安全文明生产的要求；2. 车孔时的背吃刀量是车孔余量的一半，进给量比车外圆时小20%～40%，切削速度比车外圆时低10%～20%；3. 车削过程中注意充分加注切削液；4. 手动进给要始终保持均匀，不能有停顿与快慢不均匀现象，最后一刀的切削深度一般取0.1～0.2 mm；5. 车刀刀尖必须严格对准工件中心。

	步骤	操作方法与说明	质量	备注
1	装夹工件和车刀	1. 用铜皮包好36 mm的外圆，用三爪自定心卡盘夹持，并找正夹紧。 2. 将通孔车刀安装到刀架上。 3. 在孔内试走一遍，检查有无碰撞现象。	1. 工具摆放符合安全文明生产要求。 2. 工件装夹牢固，无明显的跳动，与主轴回转中心同心。 3. 车刀刀尖与工件中心等高。 4. 刀柄伸出刀架的长度适宜，一般比被加工的孔长5～10 mm。 5. 刀柄与工件轴线基本平行。	P–E
2	钻孔	1. 根据锥度计算公式C=D-d/L，将已知条件带入计算得出圆锥的小端直径为29 mm。 2. 选择直径25 mm的麻花钻装入车床尾座套筒。 3. 调整主轴转速为260 r/min，启动车床使工件旋转，开切削液。 4. 加工出直径25 mm的通孔。	1. 加工规范，动作熟练，符合安全文明生产的相关要求。 2. 尺寸正确，符合图纸的技术要求。	P–D

| 3 | 车孔 | 1. 将主轴转速调整到400 r/min。进给量调整到0.2 mm/r。
2. 开动车床，摇动车床床鞍，中滑板手柄使车刀刀尖轻轻碰到工件内孔壁，中滑板不动，床鞍向右移离开工件。
3. 将中滑板刻度盘调整背吃刀量为1 mm，采用自动进给对内孔车削。
4. 重复操作，直至孔径保留精车余量0.15mm。
5. 停车，调整主轴转速为700 r/min，进给量调整到0.1 mm/r。
6. 开车，中滑板进刀小于0.15 mm，车削长度大于5 mm后快速纵向退出，停车测量。如果尺寸未达到精度要求，则计算好进刀格数，横向微调进给，再试切削、测量，直至符合孔径要求为止。
7. 纵向车削至孔全长。 | 1. 加工规范，动作熟练，符合安全文明生产的相关要求。
2. 尺寸正确，符合图纸的技术要求。 | P–M |
| 4 | 车锥孔 | 1. 将主轴转速调整到400 r/min。进给量调整到0.2 mm/r。
2. 顺时针转动小滑板5° 12′ 38″。
3. 开车，转动小滑板采用车外圆锥的方法，从外往里车削，当塞规塞进工件约1/2时，检查校准圆锥角。
4. 用涂色法检测圆锥孔角度，根据擦痕情况调整小滑板转动的角度。经几次试切和检查后逐步将角度找正，继续粗车外圆锥，留精车余量1～2 mm。
5. 将主轴转速调整到700 r/min。进给量调整到0.08 mm/r。
6. 采用精车外圆圆锥面控制尺寸相同的方法将工件尺寸加工到图纸要求的尺寸。 | 1. 加工规范，动作熟练，符合安全文明生产的相关要求。
2. 锥度正确，表面粗糙度达到图纸要求。 | P–E |

三、学生工作页

学生工作页（1）

工作任务： 钻直通孔

一、工作目标（完成工作最终要达到的成果）

钻直通孔（不加工内沟槽）

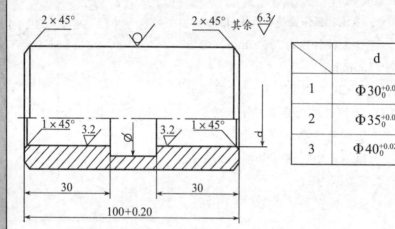

	d	总长
1	$\Phi 30_0^{+0.01}$	100 ± 0.20
2	$\Phi 35_0^{+0.05}$	100 ± 0.20
3	$\Phi 40_0^{+0.027}$	100 ± 0.20

二、工作实施（过程步骤、技术参数、要领等）

1. 选择钻头（填写钻孔直径和麻花钻的规格）。

2. 车平端面（填写操作方法）。

3. 装夹钻头（填写操作方法）。

4. 调节主轴转速（填写操作方法）。

5. 钻孔（填写操作方法）。

三、工作反思（检验评价、总结拓展等）

1. 课堂中遇到的问题：

序号	遇到问题	解决方法
1		□老师指导□同学帮助□自我学习□待解决
2		□老师指导□同学帮助□自我学习□待解决
3		□老师指导□同学帮助□自我学习□待解决
4		□老师指导□同学帮助□自我学习□待解决
5		□老师指导□同学帮助□自我学习□待解决

2. 你明白了吗？

序号	问题	回答
1	麻花钻的组成、选用和安装	□明白□有点明白□不明白
2	钻孔的步骤及注意事项	□明白□有点明白□不明白

学生工作页（2）

工作任务：车锥孔

一、工作目标（完成工作最终要达到的成果）

车锥孔

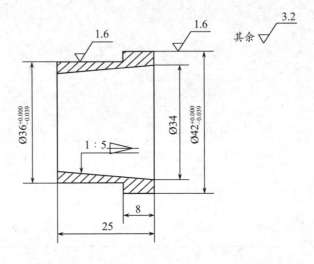

二、工作实施（过程步骤、技术参数、要领等）

1. 装夹工件和车刀（填写操作方法）。

2. 钻孔（填写操作方法）。

3. 车孔（填写操作方法）。

4. 车锥孔（填写操作方法）。

续表

三、工作反思（检验评价、总结拓展等）

1. 课堂中遇到的问题：

序号	遇到问题	解决方法
1		□老师指导□同学帮助□自我学习□待解决
2		□老师指导□同学帮助□自我学习□待解决
3		□老师指导□同学帮助□自我学习□待解决
4		□老师指导□同学帮助□自我学习□待解决
5		□老师指导□同学帮助□自我学习□待解决
6		□老师指导□同学帮助□自我学习□待解决
7		□老师指导□同学帮助□自我学习□待解决
8		□老师指导□同学帮助□自我学习□待解决

2. 你明白了吗?

序号	问题	回答
1	内孔车刀的安装注意事项	□明白□有点明白□不明白
2	车孔的关键技术	□明白□有点明白□不明白
3	车孔的方法	□明白□有点明白□不明白
4	转动小滑板法车内圆锥面的方法和步骤	□明白□有点明白□不明白
5	车内圆锥面的注意事项	□明白□有点明白□不明白

任务五　锥轴套配合件质量控制

一、教学设计

（一）任务描述

通过对完成的工件进行质量分析，了解在车削配套圆锥零件时可能产生废品的种类、原因，熟识预防措施，提高零件的加工质量，熟练应用各种量具和涂色法。

（二）教学目标

1. 能根据零件图的要求对零件进行检验并对产品进行质量分析。

2. 能理解产生废品的原因和预防措施。

（三）教学资源

PPT多媒体教学课件

摄像仪视频演示

每6人一台CA6140型车床

准备清单中的工、量、刃具

每人两份任务操作单

（四）教学组织

搭建基于生产车间的组织管理架构：师傅+"5员"学习团队小组+HSE安全监督员。

模拟岗位的分组教学：工作角色由生产调度员+普车工艺员+刀具刃磨员+机床操作员+产品质检员组成，根据不同课题，学生在小组内轮流担任不同工作角色，实现与企业工作岗位相对接。

通过PPT多媒体教学课件，展现课程任务。根据课程任务，采用小组讨论、教师引领、学生抢答的方式，完成学生工作页填写。

（五）教学过程

阶段	项目教学过程		学生学的活动	教师教的活动
1	项目引入	项目描述	通过观看视频及分析上次任务完成的工件，理解车削时可能产生废品的种类、原因及预防措施。	1. 展示各组完成的零件。 2. 描述性讲解废品产生的种类和原因。 3. 解释性讲解学会分析零件的完成质量，并将预防措施应用到车削加工。

续 表

阶段	项目教学过程		学生学的活动	教师教的活动
1	项目引入	知识准备	识记并理解车削锥轴套配合件的废品产生的原因、预防措施，常用量具的使用技巧，圆锥面检测方法。	解释性讲解不同废品的产生原因和预防措施，点评量具的使用方法。
		任务定位	1. 对比合格工件展开讨论并确定工件存在的问题。 2. 组长根据任务进行分工，每位组员熟悉自己的工作内容。	1. 展示每个工件的评分表。 2. 描述性讲解锥轴套零件质量分析中的相关知识点。 3. 示范如何对工件进行质量分析。 4. 逐一指导组长，判断其任务完成质量，严格纠正存在的错误。 5. 归纳性讲解任务完成过程中存在的共性问题。 6. 确认所有学生熟悉质量分析的步骤并进入了工作者角色。
2	项目实施	步骤1：反思总结	观看视频，与合格零件对比，在组内讨论完成的工件存在的问题。	展示高年级学生完成的合格零件，播放视频，讲授产生废品的原因。
		步骤2：自评打分	组内自评，并根据评分表交叉打分。	引导学生思考量具的使用方法，描述性讲述评分表的打分原则。
		步骤3：教师评分	观察教师评分过程，并与自评分数对比。	检验各组完成的工件。
		步骤4：反思提升	整理学习笔记，进一步理解车削过程中提高质量的预防措施；完成任务操作单（1）（2）的填写，并上交学生工作页。	对加工质量方面存在的共性问题针对性点评，并启发思考加工过程，找出预防的措施；检查学生的完成情况。

阶段	项目教学过程	学生学的活动	教师教的活动
3	项目总结	项目展示与总体评价	1. 组长检查小组成员对知识的掌握情况。 2. 组内讨论本小组操作过程。 3. 根据教师点评，小组内总结本次任务实施过程。	1. 安排组长公布各组员的掌握情况。 2. 对学生的操作进行点评，指出存在的问题。
		项目学习小结	复述配套圆锥零件加工过程中的废品产生的原因，理解预防措施在加工中的应用。	带领学生总结如何通过对零件的质量分析提高加工的质量。

（六）技能评价

序号	技能	评判结果	
		是	否
1	通过对零件的质量分析确定预防措施。		

二、任务操作单

任务操作单（1）

工作任务：根据学生加工完成的锥轴套零件，分析废品产生的原因，理解预防措施。

安全及其他注意事项：产生的废品种类不同，原因也不同，通过分析不同废品的产生原因，理解预防措施，进一步提高工件的加工质量。

	问题情境	原因	行动	备注
1	孔歪斜			C-M
				C-M
				C-M
				C-M

续表

	问题情境	原因	行动	备注
2	孔径扩大			C-M
				C-M
				C-M
3	沟槽宽度不正确			C-M
				C-M
4	沟槽位置不对			C-M
5	沟槽深度不正确			C-M
				C-M
6	锥度不正确			C-M
				C-M
				C-M
7	大小端尺寸不正确			C-M
				C-M
8	双曲线误差			C-M
9	表面粗糙度达不到要求			C-M
				C-M
				C-M
				C-M
				C-M

任务操作单（2）

工作任务： 在外圆锥表面顺着母线，圆周上相隔约120°，薄而均匀地涂上三条显示剂，把圆锥套规轻轻套在外圆锥上，稍加轴向推力，将套规转动约半圈，取下圆锥套规，观察外圆锥表面显示剂的情况，根据以下三种情况判断圆锥角的大小。

安全及其他注意事项：1. 通过判断指导试切调整，使圆锥套规与外圆锥表面接触率达到70%以上；2. 必须在半精加工表面粗糙度值较低的情况下进行。

	如果	以及	那么		
			类型判定	处理	
1	三条显示剂全长擦痕均匀				P-M
2	小段显示剂被擦去				P-M
3	大段显示剂被擦去				P-M

三、学生工作页

学生工作页

工作任务：锥轴套配合件质量控制

一、工作目标（完成工作最终要达到的成果）

　　根据学生加工完成的锥轴套零件，分析废品产生的原因，理解预防措施。

二、工作实施（过程步骤、技术参数、要领等）

　　1. 加工的锥轴套配合件是否合格？如是废品，产生的原因是什么？

　　2. 如何进一步提高加工质量？

三、工作反思（检验评价、总结拓展等）

1. 课堂中遇到的问题：

序号	遇到问题	解决方法
1		□老师指导□同学帮助□自我学习□待解决
2		□老师指导□同学帮助□自我学习□待解决
3		□老师指导□同学帮助□自我学习□待解决
4		□老师指导□同学帮助□自我学习□待解决
5		□老师指导□同学帮助□自我学习□待解决
6		□老师指导□同学帮助□自我学习□待解决
7		□老师指导□同学帮助□自我学习□待解决

2. 你明白了吗?

序号	问题	回答
1	车削锥轴套配合件的废品产生的原因以及预防措施	□明白□有点明白□不明白
2	应用涂色法检验圆锥面的方法	□明白□有点明白□不明白
3	万用角度尺的使用方法	□明白□有点明白□不明白

项目四　车削单球手柄

● 项目描述 ●

　　"车削单球手柄"是根据《车工工艺与技能训练》——中级车工技能考核要求编入的核心项目。该项目涵盖了车成形面、修光、滚花等多个任务模块，通过项目学习与实践，引导学生加工出合格的单球手柄。

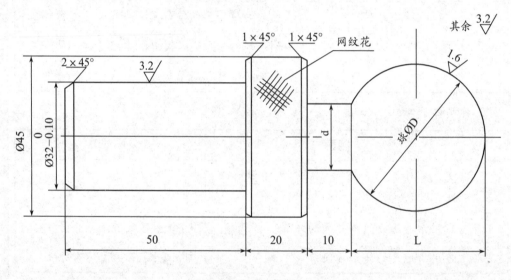

图4-1　单球手柄

次数	D	d	L
1	Φ38±0.20	Φ18	35.7
2	Φ36±0.15	Φ16	34.1
3	Φ34±0.10	Φ15	32.4

1. 球面用锉刀、砂布抛光

2. 倒钝锐边

任务一　车成形面和修光

一、教学设计

（一）任务描述

如图4-1所示，该零件的右端为一球面，属于一种成形面，主要采用双手控制法完成加工。通过实施本任务，学会用双手控制法车单球手柄，学会简单的表面修光方法以及成形面的检测方法。

（二）教学目标

1. 能用双手控制法车成形面，并会对加工表面根据零件图技术要求完成表面修光。

2. 能描述双手控制法的基本原理。

3. 能描述单球手柄的车削步骤和车削注意事项。

4. 能对比描述锉刀抛光和砂布抛光的操作方法。

（三）教学资源

PPT多媒体教学课件

摄像仪视频演示

每6人一台CA6140型车床

准备清单中的工、量、刃具

每人一份任务操作单

（四）教学组织

搭建基于生产车间的组织管理架构：师傅+"5员"学习团队小组+HSE安全监督员。

模拟岗位的分组教学：工作角色由生产调度员+普车工艺员+刀具刃磨员+机床操作员+产品质检员组成，根据不同课题，学生在小组内轮流担任不同工作角色，实现与企业工作岗位相对接。

通过PPT多媒体教学课件，展现课程任务。根据课程任务，采用小组讨论、教师引领、学生抢答的方式，完成学生工作页填写。

（五）教学过程

阶段	项目教学过程		学生学的活动	教师教的活动
1	项目引入	项目描述	观察图纸，理解需要加工的内容和应达到的技术要求。	展示图纸和加工好的工件。 描述该项目要求；按图纸要求完成球面的加工。 解释通过该项目需达到的教学目标。
		知识准备	识记：1. 双手控制法的基本原理；2. 单球手柄的车削步骤并理解注意事项；3. 锉刀修整、纱布抛光的操作方法；4. 成形面的检测方法。	解释性讲解双手控制法车球面的基本原理，加工步骤，加工过程中的注意事项，如何应用锉刀、纱布进行修整抛光，常用检测工具的使用方法。
		任务定位	1. 能理解并完成球面的加工。 2. 组长根据任务进行分工，每位组员熟悉自己的工作内容。	1. 展示零件图。 2. 描述性讲解成形面加工过程中的相关知识点。 3. 示范如何安装工件、车刀，如何应用双手控制法。 4. 逐一指导组长，判断其任务完成质量，严格纠正存在的错误。 5. 归纳性讲解任务完成过程中存在的共性问题。 6. 确认所有学生熟悉成形面加工的步骤并进入了工作者角色。
2	项目实施	步骤1：加工准备	按照工、量、刃具准备清单，根据安全、文明生产的要求将工、量、刃具摆放到位。 按照切削用量选取表将进给量、主轴转速调整到位，组内讨论解读评分表，确定加工步骤。	设计问题启发思考；检查各组准备情况；点评各组提交的加工步骤。

阶段	项目教学过程		学生学的活动	教师教的活动
2	项目实施	步骤2:车基本面	参照上次任务制定的加工步骤,完成单球手柄的外圆、端面、阶台的加工。	巡回指导,检查学生对轴类零件加工过程中易出现的问题和注意事项的理解和掌握。
		步骤3:装夹车刀	装夹圆弧车刀。	演示车刀安装。
		步骤4:车削球面	应用双手控制法车削球面,留抛光余量。	演示双手控制控制法,分析进给速度,强调操作注意事项。
		步骤5:球面抛光	对球面进行修正抛光。	演示锉刀修整、砂布抛光的操作方法,强调操作注意事项。
		步骤6:检查尺寸	根据图纸要求检查各部分尺寸。	演示量具的使用,提醒加工过程中要随时检测。
		步骤7:现场整理	展示完成的零件,整理学习笔记,进一步理解双手控制法的加工技巧,打扫现场,上交学生工作页。	引导学生思考;对比各组完成的工件;设计题目检查学生对基本知识是否掌握;学生工作页是否按要求完成上交。
3	项目总结	项目展示与总体评价	1.组长检查小组成员对知识的掌握情况。 2.组内讨论本小组操作过程。 3.根据教师点评,小组内总结本次任务实施过程。	1.安排组长公布各组员的掌握情况。 2.对学生的操作进行点评,指出存在的问题。
		项目学习小结	复述双手控制法车单球手柄、简单表面修光方法的注意事项。	带领学生总结如何在加工过程中提高圆弧面的光滑度和表面粗糙度。

（六）技能评价

序号	技能	评判结果	
		是	否
1	双手控制法车单球手柄。		
2	用锉刀、砂布修正抛光成形面。		

二、任务操作单

任务操作单

工作任务：用双手控制法车成形面

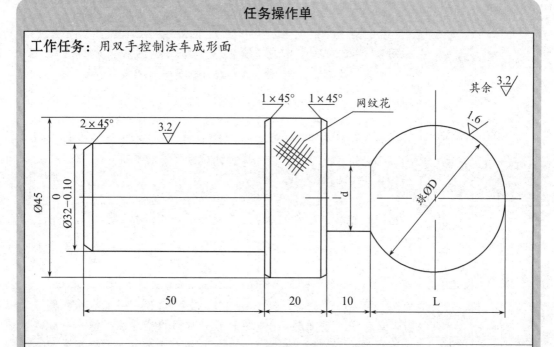

次数	D	d	L
1	Φ38±0.20	Φ18	35.7
2	Φ36±0.15	Φ16	34.1
3	Φ34±0.10	Φ15	32.4

安全及其他注意事项：1.车床操作符合安全文明生产的要求；2.双手配合协调、熟练，准确控制车刀切入深度，防止将工件局部车小；3.装夹工件时，伸出长度尽量短，以增强刚性；4.车刀纵向进给速度是减速度，横向进给速度是加速度。

续表

	步骤	操作方法与说明	质量	备注
1	装夹毛坯和车刀，车端面和外圆	车端面及外圆至32 mm，长度大于50 mm。	1. 工具摆放符合安全文明生产要求。 2. 毛坯安装正确可靠。 3. 车刀刀尖对准中心，不宜伸出过长，主切削刃与工件轴线平行。 4. 尺寸符合图纸要求。	P-E
2	调头装夹	装夹工件32 mm外圆处，车端面，保证总长。	1. 加工规范，符合安全文明生产的相关要求。 2. 尺寸符合图纸要求。	P-E
3	车槽	保证直径d，长10 mm，并保证L。	1. 加工规范，符合安全文明生产的相关要求。 2. 尺寸符合图纸要求。	P-E
4	车成形面	1. 车出圆球直径D，留精车余量0.15 mm。 2. 将切断刀的主切削刃磨出R2左右的圆弧。 3. 调整中、小滑板的镶条间隙，要求操作灵活、进退自如。 4. 用车刀在右端面对刀，确定圆球轴向中心位置（即圆球的半径），并在外圆表面刻线痕。 5. 用45°车刀在两端处先倒角，以减少车圆球时车削余量。 6. 用双手同时转动滑板手柄，使圆弧刀从圆球的刻线处开始，形成纵、横向的合成运动车出球面形状。车削时由中心向两边车削，先粗车后精车，最后逐步将圆球面车圆整。 7. 用切断刀将圆球左面根部修清角。	1. 用半径样板检测，圆球面成形90%。 2. 尺寸符合图纸要求。	P-D

续表

步骤		操作方法与说明	质量	备注
5	表面抛光	1. 锉刀修光，以左手握锉刀柄，右手握锉刀前端。车床转速适当，挫削轻缓均匀，纵向运动时，注意使锉刀平面始终与成形面各处相切。 2. 砂布抛光。转速应比车削时的转速高一些，使砂布压在工件上缓慢左右移动。	1. 表面无刀痕。 2. 表面粗糙度值符合图纸要求。	P–M

三、学生工作页

学生工作页

工作任务： 用双手控制法车成形面

一、工作目标（完成工作最终要达到的成果）

用双手控制法车成形面

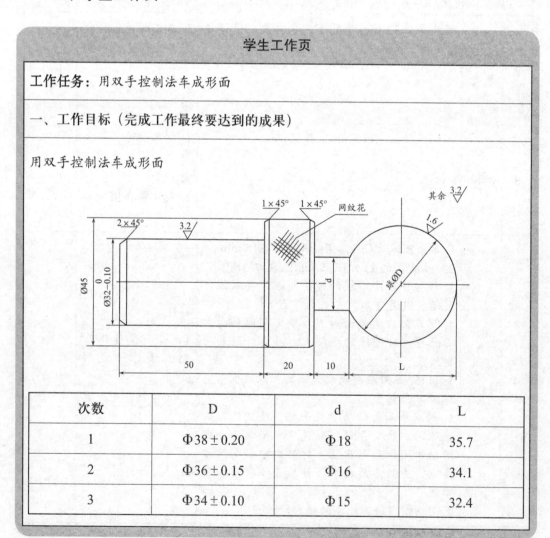

次数	D	d	L
1	Φ38±0.20	Φ18	35.7
2	Φ36±0.15	Φ16	34.1
3	Φ34±0.10	Φ15	32.4

二、工作实施（过程步骤、技术参数、要领等）

1. 装夹毛坯和车刀，车端面和外圆（填写操作方法）。

2. 调头装夹（填写操作方法）。

3. 车槽（填写操作方法）。

4. 车成形面（填写操作方法）。

5. 表面抛光（填写操作方法）。

三、工作反思（检验评价、总结拓展等）

1. 课堂中遇到的问题：

序号	遇到问题	解决方法
1		□老师指导□同学帮助□自我学习□待解决
2		□老师指导□同学帮助□自我学习□待解决
3		□老师指导□同学帮助□自我学习□待解决
4		□老师指导□同学帮助□自我学习□待解决
5		□老师指导□同学帮助□自我学习□待解决
6		□老师指导□同学帮助□自我学习□待解决

2. 你明白了吗？

序号	问题	回答
1	双手控制法车成形面的基本原理	□明白□有点明白□不明白
2	成形刀车削工件防止产生振动的防范措施	□明白□有点明白□不明白
3	车成形面的注意事项	□明白□有点明白□不明白
4	抛光的分类以及注意事项	□明白□有点明白□不明白

任务二　滚花

一、教学设计

（一）任务描述

如图4-1所示，该零件需要加工网纹，采用的是用滚轮来滚压被加工表面的金属层，使其产生一定的塑形变形而形成花纹。通过实施本任务，让学生了解滚花花纹及花纹刀的种类，学会正确装滚花刀、加工滚花，理解滚花的安全技术要求。

（二）教学目标

1. 能正确安装滚花刀加工滚花。

2. 能描述滚花加工的步骤。

3. 能理解滚花的安全技术要求。

（三）教学资源

PPT多媒体教学课件

摄像仪视频演示

每6人一台CA6140型车床

准备清单中的工、量、刃具

每人一份任务操作单

（四）教学组织

搭建基于生产车间的组织管理架构：师傅+"5员"学习团队小组+HSE安全监督员。

模拟岗位的分组教学：工作角色由生产调度员+普车工艺员+刀具刃磨员+机床操作员+产品质检员组成，根据不同课题，学生在小组内轮流担任不同工作角色，实现与企业工作岗位相对接。

通过PPT多媒体教学课件，展现课程任务。根据课程任务，采用小组讨论、教师引领、学生抢答的方式，完成学生工作页填写。

（五）教学过程

阶段	项目教学过程		学生学的活动	教师教的活动
1	项目引入	项目描述	观察图纸，理解需要加工的内容和应达到的技术要求。	展示图纸和加工好的工件。 描述该项目要求；按图纸要求完成网纹的加工。 解释通过该项目需达到的教学目标。
		知识准备	识记：1. 滚花花纹的种类和滚花刀的种类及应用场合；2. 滚花的步骤和安全技术要求。	解释性讲述双滚花花纹的种类和使用的滚花刀，以及滚花过程中的一些知识点。

阶段	项目教学过程		学生学的活动	教师教的活动
1	项目引入	任务定位	1.能理解并完成网纹的加工。 2.组长根据任务进行分工，每位组员熟悉自己的工作内容。	1.展示零件图。 2.描述性讲解网纹加工过程中的相关知识点。 3.示范如何安装工件、滚花刀，如何加工。 4.逐一指导组长，判断其任务完成质量，严格纠正存在的错误。 5.归纳性讲解任务完成过程中存在的共性问题。 6.确认所有学生熟悉网纹加工的步骤并进入了工作者角色。
2	项目实施	步骤1：加工准备	按照工、量、刃具准备清单，根据安全、文明生产的要求将工、量、刃具摆放到位。 按照切削用量选取表将进给量、主轴转速调整到位，组内讨论解读评分表，确定加工步骤。	设计问题启发思考；检查各组准备情况；点评各组提交的加工步骤。
		步骤2：装夹车刀	装夹工件，安装滚花刀。	演示安装滚花刀，强调注意事项。
		步骤3：加工网纹	根据加工步骤完成网纹的加工。	演示滚花加工步骤，强调安全技术要求。
		步骤4：现场整理	展示完成的零件，整理学习笔记，进一步理解滚花加工的过程，打扫现场，上交学生工作页。	引导学生思考；对比各组完成的工件；设计题目检查学生对基本知识是否掌握；学生工作页是否按要求完成上交。

续　表

阶段	项目教学过程		学生学的活动	教师教的活动
3	项目总结	项目展示与总体评价	1. 组长检查小组成员对知识的掌握情况。 2. 组内讨论本小组操作过程。 3. 根据教师点评，小组内总结本次任务实施过程。	1. 安排组长公布各组员的掌握情况。 2. 对学生的操作进行点评，指出存在的问题，分析乱纹原因及预防措施。
		项目学习小结	复述滚花加工的步骤和安全技术要求。	带领学生总结如何在加工过程中遵循安全技术要求。

（六）技能评价

序号	技能	评判结果	
		是	否
1	学会正确安装滚花刀、加工滚花。		

二、任务操作单

任务操作单

工作任务：滚花

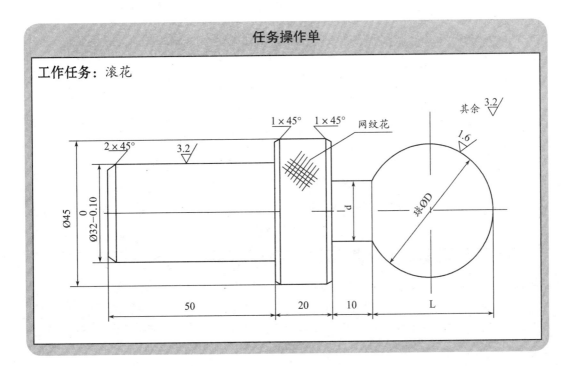

安全及其他注意事项：1. 车床操作符合安全文明生产的要求；2. 滚花刀和工件必须装夹牢固；3. 不能用手或棉纱接触滚压表面；4. 清除切屑时应避免毛刷接触工件与滚轮的咬合处。

	步骤	操作方法与说明	质量	备注
1	装夹工件和滚花刀	1. 用三爪自定心卡盘夹持工件32 mm外圆处，用铜皮包裹外圆。并找正，夹紧。 2. 根据图样选择滚花刀，并装在刀架上。 3. 主轴转速710 r/min，进给量0.2 mm/r，并将手柄调整到位。	1. 工具摆放符合安全文明生产要求。 2. 毛坯安装正确可靠。 3. 滚花刀的滚轮表面与工件表面平行，安装牢固。	P–E
2	车需滚花的外圆表面	1. 根据工件材料的性质和滚花节距p的大小，将工件45 mm外圆车小（0.8~1.6）m（m为模数）。	1. 加工规范，符合安全文明生产的相关要求。 2. 外圆直径能被节距p整除。	P–E
3	滚花	1. 将主轴转速调整到63 r/min，进给量为0.5 mm/r。 2. 浇注切削油以润滑滚轮，并用毛刷及时清除切屑。 3. 开始时使用较大的压力进刀，使工件刻出较深的花纹。 4. 停车检查花纹是否符合要求。 5. 纵向进刀反复滚压1~3次，直至花纹凸出为止。	1. 加工规范，符合安全文明生产的相关要求。 2. 网纹清晰凸出，无切屑滞塞，无乱纹。	P–E

三、学生工作页

学生工作页

工作任务：滚花

一、工作目标（完成工作最终要达到的成果）

滚花

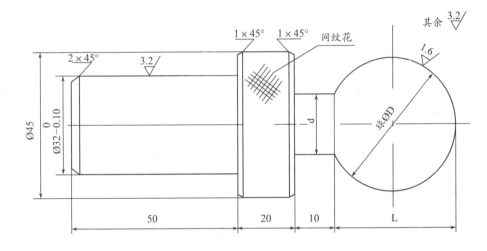

二、工作实施（过程步骤、技术参数、要领等）

1. 装夹工件和滚花刀（填写操作方法）。

2. 车需滚花的外圆表面（填写操作方法）。

3. 滚花（填写操作方法）。

续表

三、工作反思（检验评价、总结拓展等）

1. 课堂中遇到的问题：

序号	遇到问题	解决方法
1		□老师指导□同学帮助□自我学习□待解决
2		□老师指导□同学帮助□自我学习□待解决
3		□老师指导□同学帮助□自我学习□待解决
4		□老师指导□同学帮助□自我学习□待解决
5		□老师指导□同学帮助□自我学习□待解决
6		□老师指导□同学帮助□自我学习□待解决
7		□老师指导□同学帮助□自我学习□待解决

2. 你明白了吗？

序号	问题	回答
1	滚花的种类	□明白□有点明白□不明白
2	滚花刀的种类	□明白□有点明白□不明白
3	滚花的方法及注意事项	□明白□有点明白□不明白

任务三 单球手柄质量控制

一、教学设计

（一）任务描述

通过对完成的工件进行质量分析，了解在车削单球手柄零件时可能产生废品的种类、原因，熟识预防措施，提高零件的加工质量，熟练应用各种量具。

（二）教学目标

1. 能根据零件图的要求对零件进行检验并对产品进行质量分析。

2. 能理解产生废品的原因和预防措施。

（三）教学资源

PPT多媒体教学课件

摄像仪视频演示

每6人一台CA6140型车床

准备清单中的工、量、刃具

每人一份任务操作单

（四）教学组织

搭建基于生产车间的组织管理架构：师傅+"5员"学习团队小组+HSE安全监督员。

模拟岗位的分组教学：工作角色由生产调度员+普车工艺员+刀具刃磨员+机床操作员+产品质检员组成，根据不同课题，学生在小组内轮流担任不同工作角色，实现与企业工作岗位相对接。

通过PPT多媒体教学课件，展现课程任务。根据课程任务，采用小组讨论、教师引领、学生抢答的方式，完成学生工作页填写。

（五）教学过程

阶段	项目教学过程		学生学的活动	教师教的活动
1	项目引入	项目描述	通过观看视频及分析上次任务完成的工件，理解车削时可能产生废品的种类、原因及预防措施。	1. 展示各组完成的零件。 2. 描述性讲解废品产生的种类和原因。 3. 解释性讲解学会分析零件的完成质量，并将预防措施应用到车削加工。
		知识准备	识记并理解车削单球手柄零件时可能产生废品的原因、预防措施，常用量具的使用技巧。	解释性讲解不同废品的产生原因和预防措施；点评量具的使用方法。
		任务定位	1. 对比合格工件，讨论并确定工件存在的问题。 2. 组长根据任务进行分工，每位组员熟悉自己的工作内容。	1. 展示每个工件的评分表。 2. 描述性讲解单球手柄质量分析中的相关知识点。 3. 示范如何对工件进行质量分析。 4. 逐一指导组长，判断其任务完成质量，严格纠正存在的错误。 5. 归纳性讲解任务完成过程中存在的共性问题。 6. 确认所有学生熟悉质量分析的步骤并进入了工作者角色。

阶段	项目教学过程		学生学的活动	教师教的活动
2	项目实施	步骤1：反思总结	观看视频，与合格零件对比，组内讨论完成的工件存在的问题。	展示高年级学生完成的合格零件，播放视频，讲授产生废品的原因。
		步骤2：自评打分	组内自评，并根据评分表交叉打分。	引导学生思考量具的使用方法，描述性讲述评分表的打分原则。
		步骤3：教师评分	观察教师评分过程，并与自评分数对比。	检验各组完成的工件。
		步骤4：反思提升	整理学习笔记，进一步理解车削过程中提高质量的预防措施；完成任务操作单的填写，并上交学生工作页。	对加工质量方面存在的共性问题针对性点评，并启发思考加工过程，找出预防的措施；检查学生的完成情况。
3	项目总结	项目展示与总体评价	1. 组长检查小组成员对知识的掌握情况。 2. 组内讨论本小组操作过程。 3. 根据教师点评，小组内总结本次任务实施过程。	1. 安排组长公布各组员的掌握情况。 2. 对学生的操作进行点评，指出存在的问题。
		项目学习小结	复述单球手柄零件加工过程中的废品产生的原因，理解预防措施在加工中的应用。	带领学生总结如何通过对零件的质量分析提高加工的质量。

（六）技能评价

序号	技能	评判结果	
		是	否
1	通过对零件的质量分析确定预防措施。		

二、任务操作单

			任务操作单	

工作任务：根据学生加工完成的单球手柄零件，分析废品产生的原因，理解预防措施。

安全及其他注意事项：产生的废品种类不同，原因也不同，通过分析不同废品的产生原因，理解预防措施，进一步提高工件的加工质量。

	问题情境	原因	行动	备注
1	工件轮廓不正确（如车圆球时出现椭圆的算盘珠形或橄榄形）			C-M
				C-M
				C-M
				C-M
2	工件表面粗糙			C-M
				C-M
				C-M
3	滚花产生乱纹			C-M
				C-M
				C-M
				C-M
				C-M

三、学生工作页

<table>
<tr><td colspan="2" align="center">学生工作页</td></tr>
<tr><td colspan="2">工作任务：单球手柄质量控制</td></tr>
<tr><td colspan="2">一、工作目标（完成工作最终要达到的成果）</td></tr>
<tr><td colspan="2">根据学生加工完成的单球手柄零件，分析废品产生的原因，理解预防措施。</td></tr>
<tr><td colspan="2">二、工作实施（过程步骤、技术参数、要领等）</td></tr>
<tr><td colspan="2">

1.加工的单球手柄零件是否合格？如是废品，产生的原因是什么？

2.如何进一步提高加工质量？

</td></tr>
<tr><td colspan="2">三、工作反思（检验评价、总结拓展等）</td></tr>
</table>

1.课堂中遇到的问题：

序号	遇到问题	解决方法
1		□老师指导□同学帮助□自我学习□待解决
2		□老师指导□同学帮助□自我学习□待解决
3		□老师指导□同学帮助□自我学习□待解决
4		□老师指导□同学帮助□自我学习□待解决
5		□老师指导□同学帮助□自我学习□待解决
6		□老师指导□同学帮助□自我学习□待解决

续表

2. 你明白了吗?

序号	问题	回答
1	车削单球手柄零件的废品产生原因及预防措施	□明白□有点明白□不明白
2	检测圆球面有哪几种方法?	□明白□有点明白□不明白
3	在车成形面时怎样利用检验进行修整加工?	□明白□有点明白□不明白

项目五　车削车床中滑板丝杠

● **项目描述** ●

　　"车削车床中滑板丝杠"是根据《车工工艺与技能训练》——中级车工技能考核要求编入的核心项目。该项目涵盖了工艺分析、车三角形螺纹、车梯形螺纹、质量控制等多个任务模块，通过项目学习与实践，引导学生加工出合格的车床中滑板丝杠。

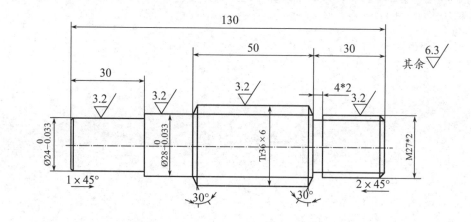

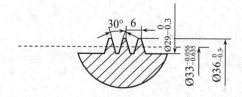

图5-1　车床中滑板丝杠

任务一　分析螺纹件车削工艺

一、教学设计

（一）任务描述

加工合格的零件除了要保证零件的尺寸精度和表面粗糙度外，还应保证其形状和位置精度的要求；因此，在零件加工前要通过分析研究该零件图，制定工艺规程来指导生产，保证质量。通过本任务的实施，学会填写三种表格，并熟悉螺纹件的的结构特征及加工工艺的制定原则和制定方法，并刃磨准备好车刀。

1. 工、量、刃具的准备

序号	名称	规格	精度	数量
1	千分尺	25～50	0.01	1
2	千分尺	0～25	0.01	1
3	游标卡尺	0～150	0.02	1
4	螺纹千分尺	25～50	0.01	1
5	钢针	$\varphi3.1$	——	1
6	公法线千分尺	25-50	0.01	1
7	螺纹环规	M27×2-6g	——	1
8	钢直尺	0～150	1	1
9	三角形螺纹车刀	60°	——	自定
10	梯形螺纹车刀	30° P6	——	自定
11	外圆车刀	45°	——	自定
12	外圆车刀	90°	——	自定
13	切槽刀	≤4	——	自定
14	中心钻	A2.5	——	自定
15	顶尖	莫氏5	——	1
16	常用工具	——		自定

2. 切削用量选取

刀具	加工内容	主轴转速 (r/min)	进给量 (mm/r)	背吃刀量 (mm)
45° 外圆车刀	端面	800	0.1	0.1～1
90° 外圆车刀	粗车外圆	500	0.3	2
	精车外圆	1 000	0.1	0.25

续表

刀具	加工内容	主轴转速 (r/min)	进给量 (mm/r)	背吃刀量 (mm)
外切槽刀	车外沟槽	500	0.05	——
三角形螺纹刀	车外螺纹	70	——	——
梯形螺纹车刀	车外螺纹	35	——	——
中心钻	钻中心孔	1 000	——	——

3. 机械加工工艺过程

加工步骤	加工简图	加工内容	备注

（二）教学目标

1. 能正确填写工艺卡。

2. 能理解螺纹件的工艺特点。

3. 能描述工艺卡片的填写步骤。

（三）教学资源

PPT多媒体教学课件

摄像仪视频演示

每6人一台CA6140型车床

准备清单中的工、量、刃具

（四）教学组织

搭建基于生产车间的组织管理架构：师傅+"5员"学习团队小组+HSE安全监督员。

模拟岗位的分组教学：工作角色由生产调度员+普车工艺员+刀具刃磨员+机床操作员+产品质检员组成，根据不同课题，学生在小组内轮流担任不同工作角色，实现与企业工作岗位相对接。

通过PPT多媒体教学课件，展现课程任务。根据课程任务，采用小组讨论、教师引领、学生抢答的方式，完成学生工作页填写。

（五）教学过程

阶段	项目教学过程		学生学的活动	教师教的活动
1	项目引入	项目描述	1. 了解螺纹件的结构特征。 2. 能根据零件图进行工艺分析，并制定加工步骤，完成相关表格的填写。	1. 展示工件和零件图导入本次任务，并说明：通过本任务实施，熟悉螺纹件的结构特征及加工工艺的制定原则和制定方法。 2. 描述性讲解本次任务的内容为：针对螺纹件进行工艺分析，确定加工步骤。 3. 解释性讲解通过本任务学会填写相关的工艺表格，并熟练使用相关的工具。
		知识准备	识记并了解螺纹件的结构特征，熟悉制定车削步骤应该考虑的方面。	解释性讲解螺纹件的结构特征、识图读图的方法和步骤、加工螺纹安排车削步骤时应考虑的注意事项。
		任务定位	1. 讨论并理解相关工艺表格的填写步骤。 2. 组长根据任务进行分工，每位组员熟悉自己的工作内容。	1. 展示相关表格。 2. 描述性讲解螺纹件工艺分析的相关知识点。 3. 示范如何识图读图，制定车削工艺。 4. 逐一指导组长完成表格填写，判断其任务完成质量，严格纠正存在的错误。 5. 归纳性讲解任务完成过程中存在的共性问题。 6. 确认所有学生熟悉工艺分析的步骤并进入了工作者角色。
2	项目实施	步骤1：工具准备	各组根据备料单进行检查准备，认识使用的工具、刃具、量具，熟悉使用方法，明确各自的任务内容。	1. 根据备料单准备工、量、刃具，发放学生工作页。 2. 描述性讲解该任务的内容、工作方法与诀窍。

续表

阶段	项目教学过程	学生学的活动	教师教的活动
2	项目实施	步骤2:刃磨车刀	刃磨车刀,了解螺纹车刀的种类、特征和用途,熟悉工、量具的使用方法。	对比演示刃磨三角形螺纹车刀和梯形螺纹车刀;强调刃磨要求和注意事项;指导完成工、量具的准备。
		步骤3:知识准备	听取对螺纹件结构特征的讲解,理解制定车削步骤应该注意的事项。	讲授螺纹件的结构特征,并引导组内通过讨论识图的方法和步骤,强调制定车削工艺的注意事项。
		步骤4:实操演练	在组长的带领下,严格按照既定的示范过程操作。这期间,组长负责带领全组成员按时完成任务,并达到本项目要求的质量。	1. 巡回指导各组完成任务,判断其完成质量,严格纠正存在的错误。2. 归纳性讲解任务完成过程中存在的共性问题。
		步骤5:现场整理	展示完成的表格,整理学习笔记,进一步理解螺纹件车削步骤制定注意事项,打扫现场,上交学生工作页。	引导学生思考;对比各组制定的加工步骤,确定最优方案;设计题目检查学生对基本知识是否掌握;学生工作页是否按要求完成上交。
3	项目总结	项目展示与总体评价	1. 组长检查小组成员对知识的掌握情况。2. 组内讨论本小组操作过程。3. 根据教师点评,小组内总结本次任务实施过程。	1. 安排组长公布各组员的掌握情况。2. 对学生的操作进行点评,指出存在的问题。
		项目学习小结	复述螺纹车刀的刃磨要点、螺纹件工艺分析的注意事项。	带领学生总结如何刃磨螺纹车刀、制定合理的车削工艺。

（六）技能评价

序号	技能	评判结果	
		是	否
1	分析工艺，确定加工步骤，填写相关表格。		
2	刃磨螺纹车刀。		

二、学生工作页

学生工作页

工作任务：分析螺纹件车削工艺

一、工作目标（完成工作最终要达到的成果）

分析工艺，确定加工步骤，填写相关表格。

二、工作实施（过程步骤、技术参数、要领等）

1. 准备工、量、刃具。

序号	名称	规格	精度	数量
1	千分尺	25～50	0.01	1
2	千分尺	0～25	0.01	1
3	游标卡尺	0～150	0.02	1
4	螺纹千分尺	25～50	0.01	1
5	钢针	$\varphi 3.1$	——	1
6	公法线千分尺	25～50	0.01	1
7	螺纹环规	M27×2-6g	——	1
8	钢直尺	0～150	1	1
9	三角形螺纹车刀	60°	——	自定
10	梯形螺纹车刀	30° P6	——	自定
11	外圆车刀	45°	——	自定

序号	名称	规格	精度	数量
12	外圆车刀	90°	——	自定
13	切槽刀	≤4	——	自定
14	中心钻	A2.5	——	自定
15	顶尖	莫氏5	——	1
16	常用工具	——	——	自定

2. 填写切削用量卡片。

刀具	加工内容	主轴转速 (r/min)	进给量 (mm/r)	背吃刀量 (mm)
45° 外圆车刀	端面			
90° 外圆车刀	粗车外圆			
	精车外圆			
外切槽刀	车外沟槽			
三角形螺纹刀	车外螺纹			
梯形螺纹车刀	车外螺纹			
中心钻	钻中心孔			

3. 填写机械加工工艺过程卡片。

加工步骤	加工简图	加工内容	备注

续 表

三、工作反思（检验评价、总结拓展等）

1. 课堂中遇到的问题：

序号	遇到问题	解决方法
1		□老师指导□同学帮助□自我学习□待解决
2		□老师指导□同学帮助□自我学习□待解决
3		□老师指导□同学帮助□自我学习□待解决

2. 你明白了吗？

序号	问题	回答
1	螺纹车刀的刃磨方法	□明白□有点明白□不明白
2	螺纹件的工艺特点	□明白□有点明白□不明白

任务二 加工三角形螺纹

一、教学设计

（一）任务描述

如图5-1所示，该零件为车床中滑板的丝杠，可将车床的旋转运动转化为直线运动，用来完成车床的进给运动。加工内容除了包括前面已完成项目中的外圆、端面、阶台、外沟槽的加工外，还需要完成两处螺纹面的车削。其中代号为M的螺纹为三角形螺纹。通过该任务的实施，引导学生依次进行三角形螺纹基本要素、代号及尺寸计算，根据工件螺距查车床进给箱的铭牌表及调整手柄位置，直进法车削三角形螺纹，三角形螺纹几何参数的检测，最终加工出符合图纸技术要求的三角形螺纹。

（二）教学目标

1. 能完成符合零件图要求的三角形螺纹的加工。

2. 会进行相关参数的计算，并根据计算结果调整车床。

3. 会查阅相关技术手册和资料。

4. 会使用螺纹加工常用量具检验螺纹。

（三）教学资源

PPT多媒体教学课件

摄像仪视频演示

每6人一台CA6140型车床

准备清单中的工、量、刃具

每人一份任务操作单

（四）教学组织

搭建基于生产车间的组织管理架构：师傅+"5员"学习团队小组+HSE安全监督员。

模拟岗位的分组教学：工作角色由生产调度员+普车工艺员+刀具刃磨员+机床操作员+产品质检员组成，根据不同课题，学生在小组内轮流担任不同工作角色，实现与企业工作岗位相对接。

通过PPT多媒体教学课件，展现课程任务。根据课程任务，采用小组讨论、教师引领、学生抢答的方式，完成学生工作页填写。

（五）教学过程

阶段	项目教学过程		学生学的活动	教师教的活动
1	项目引入	项目描述	观察图纸，理解需要加工的内容和应达到的技术要求。	展示图纸和加工好的工件。 描述该项目要求；按图纸要求完成三角形螺纹的加工。 解释通过该项目需达到的教学目标。
		知识准备	识记：1.三角形螺纹主要参数和代号含义；2.三角形螺纹尺寸的计算。	解释性讲解螺纹的主要参数、代号含义、尺寸的计算。
		任务定位	1.能完成符合零件图要求的三角形螺纹的加工。 2.组长根据任务进行分工，每位组员熟悉自己的工作内容。	1.展示零件图。 2.描述性讲解三角形螺纹加工过程中的相关知识点。 3.示范如何安装工件、车刀，如何调整溜板箱手柄。 4.逐一指导组长，判断其任务完成质量，严格纠正存在的错误。 5.归纳性讲解任务完成过程中存在的共性问题。 6.确认所有学生熟悉加工的步骤并进入了工作者角色。

续　表

阶段	项目教学过程		学生学的活动	教师教的活动
2	项目实施	步骤1：调整车床	根据上节课完成的表格将进给量、主轴转速调整到位，根据安全、文明生产的要求将工、量、刃具摆放到位。	设计问题启发思考；检查学生对外圆、端面、阶台、外沟槽的加工步骤是否熟悉。
		步骤2：车基本面	参照上次任务制定的加工步骤，完成丝杠的外圆、端面、阶台外沟槽的加工。	巡回指导，检查学生对轴类零件加工过程中易出现的问题和注意事项的理解和掌握。
		步骤3：装夹车刀	装夹三角形螺纹车刀，根据螺距调整溜板箱手柄。	示范车刀安装，解释性讲解螺纹车刀的安装要求。
		步骤4：工艺计算	计算螺纹牙高，确定中滑板进刀格数，选择合适的背吃刀量。	启发学生思考三角形螺纹参数的计算公式，强调进刀次数的安排原则。
		步骤5：螺纹加工	应用开合螺母法，采用直进法的进给方式，加工螺纹中径至尺寸要求。	示范开合螺母法车削三角形螺纹步骤，强调注意事项。
		步骤6：测量螺纹	应用螺纹环规综合测量螺纹。	演示三角形螺纹的检验与测量。
		步骤7：现场整理	展示完成的零件，整理学习笔记，进一步理解三角形螺纹的加工技巧，打扫现场，上交学生工作页。	引导学生思考；对比各组完成的工件；设计题目检查学生对基本知识是否掌握；学生工作页是否按要求完成上交。

阶段	项目教学过程	学生学的活动	教师教的活动
3 项目总结	项目展示与总体评价	1. 组长检查小组成员对知识的掌握情况。 2. 组内讨论本小组操作过程。 3. 根据教师点评，小组内总结本次任务实施过程。	1. 安排组长公布各组员的掌握情况。 2. 对学生的操作进行点评，指出存在的问题。
	项目学习小结	复述三角形螺纹加工过程中的注意事项，熟悉测量螺纹工具的使用方法。	带领学生总结加工螺纹的注意事项及车削技巧。

（六）技能评价

序号	技能	评判结果	
		是	否
1	能完成符合零件图要求的三角形螺纹。		
2	会使用常用的测量三角形螺纹的量具。		

二、任务操作单

任务操作单

工作任务：采用倒顺车方法车削三角形螺纹　螺纹代号M27×2

安全及其他注意事项：1. 车床操作符合安全文明生产的要求；2. 初学时采用较低的转速，思想要集中；3. 开合螺母必须闸到位，如没闸好，应起闸重新进行；4. 注意加工过程中充分加注冷却液；5. 车螺纹时，进退刀要注意前后左右位置，防止碰卡盘或尾座，保持动作协调；6. 螺纹车毕立即提起开合螺母，否则会产生撞车事故；7. 切不可用手摸螺纹表面或用棉纱擦螺纹表面。

续表

步骤		操作方法与说明	质量	备注
1	计算螺纹相关参数	1.螺纹大径与工件的公称直径相同 2.螺纹中径d2=d−0.6495P 3.螺纹小径d1=d−1.0825P 4.牙型高度h=0.5413P 5.进刀深度0.65P，中滑板进刀格数0.65P/0.02	符号书写规范，计算结果准确。	P−E
2	安装工件车削螺纹大径和螺纹退刀槽、倒角	1.工件的外圆直径应比螺纹的公称直径约小0.13P。 2.外圆端面处的倒角应略小于螺纹小径。 3.退刀槽的直径应小于螺纹小径，沟槽宽度约等于（2~3）P。	1.毛坯安装正确可靠。 2.尺寸符合工艺要求。 3.加工规范，符合安全文明生产的相关要求。	P−E
3	外螺纹车刀的选择及安装	1.根据螺纹的牙型角选择螺纹车刀。 2.将螺纹车刀装到刀架上，用尾座顶尖调整刀尖的高度，保证等高，用样板对刀，保证不歪斜，选择好刀头伸出的长度，用扳手上紧。 	1.选择60°的螺纹车刀。 2.车刀的刀尖应与车床主轴的轴线等高。 3.车刀刀尖角的对称中心必须与工件的轴线垂直。 4.刀头伸出不要过长，一般为刀杆厚度的1.5倍，25~30 mm。	P−D

步骤		操作方法与说明	质量	备注
4	调整车床	1.调整车床手柄的位置 （1）变换主轴箱外手柄的位置（如下图所示）。 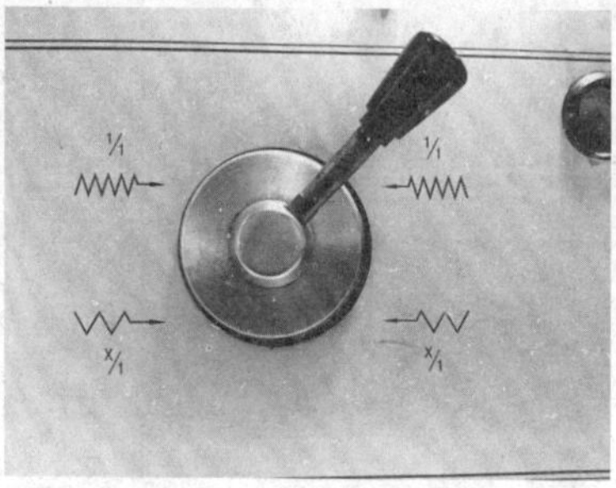 （2）根据下图进给箱铭牌所示螺距范围，调整进给箱手柄位置，需加工螺纹的螺距为2。 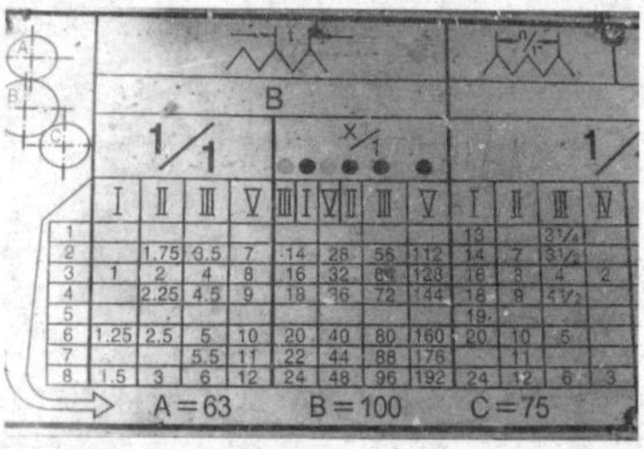 （3）将左边的手轮拉出转动到3的位置，将右边里面手柄置于B处，外面的手柄转到Ⅱ处，如果转不动，可以手动转动卡盘调整。  	1.各手柄位置调整正确，操作熟练。 2.小滑板、中滑板操作灵活。 3．开合螺母提起、压下操作灵活。	P–D

步骤		操作方法与说明	质量	备注
4	调整车床	2.调整滑板间隙 （1）松开小滑板右侧的顶紧螺栓； （2）调整小滑板左侧的限位螺栓，同步顺时针转动小滑板作进刀方向移动，至松紧得当； （3）调整合适后，紧固右侧的顶紧螺栓； （4）松开中滑板后面的顶紧螺栓； （5）调整前面的限位螺栓，同步摇动中滑板手柄，调整至松紧得当； （6）调整合适后，紧固中滑板后面的顶紧螺栓。 3.检查 丝杠与开合螺母啮合是否到位。		
5	开倒顺车车螺纹	1.开车，使车刀与工件轻微接触，记下刻度盘读数，向右退出车刀。 2.合上开合螺母，在工件表面车削出一条螺旋线，横向退出车刀，停车。 3.反向开车，使车刀退到工件右端，停车，用金属直尺检测螺距是否正确。 4.开切削液，利用刻度盘调整深度，开车切削。 5.车刀将至行程结束时，应做好退刀停车准备。先快速退出车刀，然后停车，方向开车退回刀架。 6.再次横向切入，继续切削。 快速退出　开车切削　进刀 开反车退回	1.动作熟练，符合安全文明生产的相关要求。 2.无乱牙。 3.螺纹表面粗糙度值符合图纸要求，无切屑。	P—M

续表

步骤		操作方法与说明	质量	备注
6	测量	1. 大径的测量，用游标卡尺或千分尺测量。 2. 螺距的测量，可用钢直尺测量3~4牙所得数据，除以所测齿数即为每牙螺距。 3. 中径的测量，使用螺纹通止规。	1.量具使用规范。 2. 测量细致，读数准确。	P-D

三、学生工作页

学生工作页

工作任务： 车削三角形螺纹（M27×2）

一、工作目标（完成工作最终要达到的成果）

采用倒顺车方法车削三角形螺纹
螺纹代号：M27×2

二、工作实施（过程步骤、技术参数、要领等）

1. 计算螺纹相关参数（大径、小径、中径、牙高、进刀深度）。

2. 安装工件（填写操作方法）。

3. 车削螺纹大径和螺纹退刀槽、倒角（填写操作方法）。

4. 外螺纹车刀的选择及安装（填写操作方法）。

5. 调整车床（填写操作方法）。

6. 开倒顺车车螺纹（填写操作方法）。

7. 测量（填写操作方法）。

三、工作反思（检验评价、总结拓展等）

1. 课堂中遇到的问题：

序号	遇到问题	解决方法
1		□老师指导□同学帮助□自我学习□待解决
2		□老师指导□同学帮助□自我学习□待解决
3		□老师指导□同学帮助□自我学习□待解决
4		□老师指导□同学帮助□自我学习□待解决
5		□老师指导□同学帮助□自我学习□待解决
6		□老师指导□同学帮助□自我学习□待解决
7		□老师指导□同学帮助□自我学习□待解决

2. 你明白了吗?

序号	问题	回答
1	外螺纹参数的计算方法	□明白□有点明白□不明白
2	提开合螺母法车螺纹的步骤	□明白□有点明白□不明白
3	开倒顺车法操作步骤	□明白□有点明白□不明白
4	车削螺纹的注意事项	□明白□有点明白□不明白

任务三　加工梯形螺纹

一、教学设计

（一）任务描述

如图5-1所示，该零件为车床中滑板的丝杠，可将车床的旋转运动转化为直线运动，用来完成车床的进给运动。加工内容除了包括前面已完成项目中的外圆、端面、阶台、外沟槽的加工外，还需要完成两处螺纹面的车削。其中代号为Tr的螺纹为梯形螺纹。通过该任务的实施，引导学生依次进行梯形螺纹基本要素、代号及尺寸计算，车梯形螺纹时机床的调整，梯形螺纹的车削方法，梯形螺纹几何参数的检测，最终加工出符合图纸技术要求的梯形螺纹。

（二）教学目标

1. 能根据零件图要求完成梯形螺纹的加工。

2. 会应用三针测量法检验梯形螺纹的中径。

（三）教学资源

PPT多媒体教学课件

摄像仪视频演示

每6人一台CA6140型车床

准备清单中的工、量、刃具

每人一份任务操作单

（四）教学组织

搭建基于生产车间的组织管理架构：师傅+"5员"学习团队小组+HSE安全监督员。

模拟岗位的分组教学：工作角色由生产调度员+普车工艺员+刀具刃磨员+机床操作员+产品质检员组成，根据不同课题，学生在小组内轮流担任不同工作角色，实现与企业工作岗位相对接。

通过PPT多媒体教学课件，展现课程任务。根据课程任务，采用小组讨论、教师引领、学生抢答的方式，完成学生工作页填写。

（五）教学过程

阶段	项目教学过程		学生学的活动	教师教的活动
1	项目引入	项目描述	观察图纸，理解需要加工的内容和应达到的技术要求。	展示图纸和加工好的工件。 描述该项目要求；按图纸要求完成梯形螺纹的加工。 解释通过该项目需达到的教学目标。
		知识准备	识记：1. 梯形螺纹主要参数和代号含义；2. 梯形螺纹尺寸的计算。	解释性讲解螺纹的主要参数、代号含义、尺寸的计算。
		任务定位	1. 能根据零件图要求完成梯形螺纹的加工。 2. 组长根据任务进行分工，每位组员熟悉自己的工作内容。	1. 展示零件图。 2. 描述性讲解梯形螺纹加工过程中的相关知识点。 3. 示范如何安装工件、车刀，如何调整溜板箱手柄。 4. 逐一指导组长，判断其任务完成质量，严格纠正存在的错误。 5. 归纳性讲解任务完成过程中存在的共性问题。 6. 确认所有学生熟悉加工的步骤并进入了工作者角色。
2	项目实施	步骤1：调整车床	根据上节课完成的表格将进给量、主轴转速调整到位，根据安全、文明生产的要求将工、量、刃具摆放到位。	设计问题启发学生思考三角螺纹的车削步骤和注意事项。
		步骤2：装加工件	打中心孔，工件一夹一顶装夹，两侧倒角30°。	巡回指导，检查学生对打中心孔易出现的问题和注意事项的理解和掌握。
		步骤3：装夹车刀	装夹梯形螺纹车刀，根据螺距调整溜板箱手柄。	示范车刀安装，解释性讲解螺纹车刀的安装要求。

续表

阶段	项目教学过程		学生学的活动	教师教的活动
2	项目实施	步骤4：工艺计算	计算螺纹牙高，确定中滑板进刀格数，选择合适的背吃刀量。	启发思考梯形螺纹参数的计算公式；强调进刀次数的安排原则。
		步骤5：车削螺纹	应用左右车削法，加工螺纹中径至尺寸要求。	示范左右车削法车削梯形螺纹步骤，强调注意事项。
		步骤6：测量螺纹	应用三针测量法测量螺纹中径	演示梯形螺纹的检验与测量。
		步骤7：现场整理	展示完成的零件，整理学习笔记，进一步理解梯形螺纹的加工技巧，打扫现场，上交学生工作页。	引导学生思考；对比各组完成的工件；设计题目检查学生对基本知识是否掌握；学生工作页是否按要求完成上交。
3	项目总结	项目展示与总体评价	1. 组长检查小组成员对知识的掌握情况。 2. 组内讨论本小组操作过程。 3. 根据教师点评，小组内总结本次任务实施过程。	1. 安排组长公布各组员的掌握情况。 2. 对学生的操作进行点评，指出存在的问题。
		项目学习小结	复述梯形螺纹加工过程中的注意事项，熟悉测量螺纹工具的使用方法。	带领学生总结加工螺纹的注意事项及车削技巧。

（六）技能评价

序号	技能	评判结果	
		是	否
1	加工符合零件图要求的梯形螺纹。		
2	使用三针法测量梯形螺纹中径。		

二、任务操作单

任务操作单				
工作任务：用左右切削法车梯形螺纹Tr36×6				
安全及其他注意事项：1. 车床操作符合安全文明生产的要求；2. 车削过程中，不允许用棉纱擦拭工件，以防发生安全事故；3. 梯形螺纹精车刀两侧刃应刃磨平直，刀刃应保持锋利；4. 精车前，最好重新修正中心孔，以保证螺纹的同轴精度；5. 车螺纹时思想要集中，严防中滑板手柄多进一圈而撞坏螺纹车刀或使工件碰撞而报废；6. 粗车螺纹时，应将小滑板调紧一些，以防车刀发生移位而产生乱牙；7. 车螺纹时，应选择较小的切削用量，以减少工件的变形，同时应充分加注切削液；8. 一夹一顶装夹工件时，尾座套筒不能伸出太短，以防止车刀退刀时床鞍与尾座相碰。				
步骤		操作方法与说明	质量	备注
1	计算螺纹相关参数	1. 螺纹大径与工件的公称直径相同 2. 螺纹中径d2=d−0.6495P 3. 螺纹小径d1=d−1.0825P 4. 牙型高度h3=0.5 P+ac 5. 进刀深度0.65P，中滑板进刀格数0.65P/0.02	符号书写规范，计算结果准确。	P−E
2	安装工件车削螺纹大径和螺纹退刀槽、倒角车中心孔	1. 工件的外圆直径应比螺纹的公称直径约小0.13 P。 2. 外圆端面处的倒角应略小于螺纹小径。 3. 退刀槽的直径应小于螺纹小径，沟槽宽度约等于（2~3）P。 4. 车梯形螺纹时采用一夹一顶的方式装夹工件。	1. 毛坯安装正确可靠。 2. 尺寸符合工艺要求。 3. 加工规范，符合安全文明生产的相关要求。	P−E
3	外螺纹车刀的选择及安装	1. 根据螺纹的牙型角选择螺纹车刀。 2. 将螺纹车刀装到刀架上，用尾座顶尖调整刀尖的高度，保证等高，用样板对刀，保证不歪斜，选择好刀头伸出的长度，用扳手上紧。	1. 选择30°的螺纹车刀。 2. 车刀的刀尖应与车床主轴的轴线等高。 3. 车刀刀尖角的对称中心必须与工件的轴线垂直。 4. 刀头伸出不要过长，一般为刀杆厚度的1.5倍，25~30 mm。	P−D

续表

步骤		操作方法与说明	质量	备注
4	调整车床	1.调整车床手柄的位置 （1）变换主轴箱外手柄的位置（如图所示）。 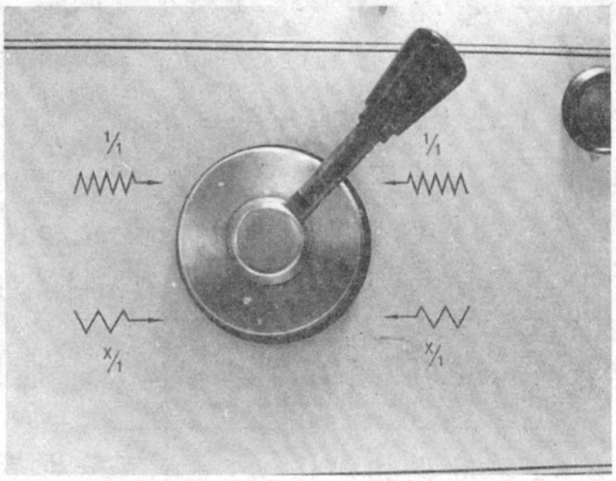 （2）根据下图进给箱铭牌所示螺距范围，调整进给箱手柄位置，需加工螺纹的螺距为6，将左边的手轮拉出转动到8的位置，将右边里面手柄置于B处，外面的手柄转到Ⅲ处，如果转不动，可以手动转动卡盘调整。 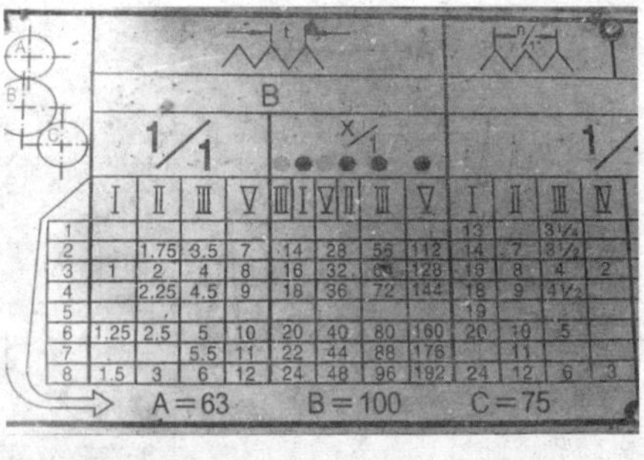 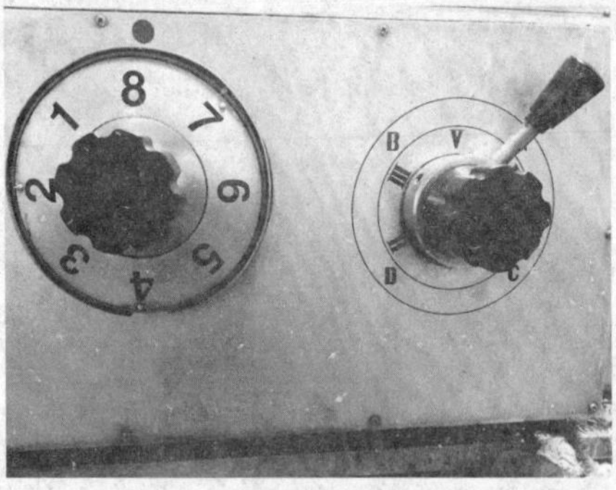	1.各手柄位置调整正确，操作熟练。 2.小滑板、中滑板操作灵活。 3.开合螺母提起、压下操作灵活。	

续表

步骤		操作方法与说明	质量	备注
4	调整车床	2. 调整滑板间隙 （1）松开小滑板右侧的顶紧螺栓。 （2）调整小滑板左侧的限位螺栓，同步顺时针转动小滑板作进刀方向移动，至松紧得当。 （3）调整合适后，紧固右侧的顶紧螺栓。 （4）松开中滑板后面的顶紧螺栓。 （5）调整前面的限位螺栓，同步摇动中滑板手柄，调整至松紧得当。 （6）调整合适后，紧固中滑板后面的顶紧螺栓。 3. 检查 丝杠与开合螺母啮合是否到位。		P–D
5	粗车螺纹	1. 和加工普通三角形螺纹方法一样，采用直进法加工螺纹，牙高是3.5 mm，直径方向为7 mm，第一刀进1.5 mm，第二刀进0.5 mm，第三刀进0.5 mm。 2. 用游标卡尺测量此时的牙顶宽，将测量牙顶宽减去理论牙顶宽，再减去所留两侧精车余量（0.2～0.4 mm），这就是借刀的余量，将这个量除以2，就是每侧借刀的量。这时的进刀深度为3 mm，中滑板进给后不动，小滑板向左移动借刀的量（也可分两到三刀完成），接着小滑板向右移动借刀的量（也可分两到三刀完成），车完后，将小滑板再次对零。 3. 再次以直进法车螺纹，重复步骤2，将螺纹再车深3 mm，然后又先向左借刀，目测借刀量，通过在螺纹头部试切，看切屑的宽度（如车到前一次的侧面，则切屑会变宽），最后确定借刀量，以相同借刀量再车右侧面，车到前一次的侧面；左右两边车完后，再次将小滑板对零。 4. 最后以直进法车螺纹。第一刀进刀深度0.5 mm，第二刀0.3 mm，第三刀0.2 mm，第四刀0.1 mm。重复步骤4采用借刀将左右侧面车好。	1. 动作熟练，符合安全文明生产的相关要求。 2. 无乱牙。	P–M

续 表

步骤		操作方法与说明	质量	备注
6	精车螺纹	1. 换上螺纹精车刀，在螺纹大径上对刀，将中滑板刻度盘归零。 2. 目测车刀处于槽中间，进刀0.1~0.2 mm，并将牙底车平。 3. 左侧赶刀，每次0.1~0.05 mm，至将左侧面精车余量全部车完，车平，然后以走空刀将左侧车至粗糙度符合图纸要求。 4. 将车刀退至右边车右侧面，每车一刀用游标卡尺测量牙顶宽，接近时，要使用三针测量螺纹中径。	1.动作熟练，符合安全文明生产的相关要求。 2.尺寸符合图纸要求。 3.螺纹表面粗糙度值符合图纸要求，无切屑。	P–M
7	测量	1. 大径的测量，用游标卡尺或千分尺测量。 2. 螺距的测量，可用钢直尺测量3~4牙所得数据，除以所测牙数即为每牙螺距。 3. 中径的测量，三针测量（把三根直径相等并在一定尺寸范围内的量针放在螺纹相对两面的螺旋槽中，再用千分尺量出两面量针顶点之间的距离M，根据M值换算出螺纹中径的实际尺寸，$M=d2+4.864d_D-1.866P$，最佳值是$d_D=0.518p$）。	1.量具使用规范。 2.测量细致，读数准确。	P–M

三、学生工作页

学生工作页
工作任务： 车削梯形螺纹（Tr36×6）
一、工作目标（完成工作最终要达到的成果）
用左右切削法车梯形螺纹 螺纹代号：Tr36×6

续 表

二、工作实施（过程步骤、技术参数、要领等）

1. 计算螺纹相关参数（完成相关参数的计算）。

2. 安装工件（填写操作方法）。

3. 车削螺纹大径和螺纹退刀槽、倒角、车中心孔（填写操作方法）。

4. 外螺纹车刀的选择及安装（填写操作方法）。

5. 调整车床（填写操作方法）。

6. 粗车螺纹（填写操作方法）。

7. 精车螺纹（填写操作方法）。

8. 测量（填写操作方法）。

三、工作反思（检验评价、总结拓展等）

1. 课堂中遇到的问题：

序号	遇到问题	解决方法
1		□老师指导□同学帮助□自我学习□待解决
2		□老师指导□同学帮助□自我学习□待解决
3		□老师指导□同学帮助□自我学习□待解决
4		□老师指导□同学帮助□自我学习□待解决
5		□老师指导□同学帮助□自我学习□待解决

2. 你明白了吗?

序号	问题	回答
1	梯形螺纹各部分的名称、代号、计算公式	□明白□有点明白□不明白
2	左右车削法的加工螺纹的步骤	□明白□有点明白□不明白
3	三针测量法的计算公式	□明白□有点明白□不明白
4	车削梯性螺纹的注意事项	□明白□有点明白□不明白

任务四　螺纹件质量控制

一、教学设计

（一）任务描述

通过对完成的工件进行质量分析，让学生了解在车削螺纹件时可能产生废品的种类、原因，熟识预防措施，提高零件的加工质量，熟练使用各种量具。

（二）教学目标

1. 能根据零件图的要求对零件进行检验并对产品进行质量分析。

2. 能理解产生废品的原因和预防措施。

（三）教学资源

PPT多媒体教学课件

摄像仪视频演示

每6人一台CA6140型车床

准备清单中的工、量、刃具

每人一份任务操作单

（四）教学组织

搭建基于生产车间的组织管理架构：师傅+"5员"学习团队小组+HSE安全监督员。

模拟岗位的分组教学：工作角色由生产调度员+普车工艺员+刀具刃磨员+机床操作员+产品质检员组成，根据不同课题，学生在小组内轮流担任不同工作角色，实现与企业工作岗位相对接。

通过PPT多媒体教学课件，展现课程任务。根据课程任务，采用小组讨论、教师引领、学生抢答的方式，完成学生工作页填写。

（五）教学过程

阶段	项目教学过程	学生学的活动	教师教的活动
1	项目引入 项目描述	通过观看视频及分析上次任务完成的工件，理解车削时可能产生废品的种类、原因及预防措施。	1. 展示各组完成的零件。 2. 描述性讲解废品产生的种类和原因。 3. 解释性讲解学会分析零件的完成质量，并将预防措施应用到车削加工。
	知识准备	识记并理解与车削螺纹件废品的原因、预防措施。掌握常用量具的使用技巧。	解释性讲解不同废品的产生原因和预防措施；讲解量具的使用方法。

续表

阶段	项目教学过程		学生学的活动	教师教的活动
1	项目引入	任务定位	1. 对比合格工件，讨论并确定工件存在的问题。 2. 组长根据任务进行分工，每位组员熟悉自己的工作内容。	1. 展示每个工件的评分表。 2. 描述性讲解螺纹件质量分析中的相关知识点。 3. 示范如何对工件进行质量分析。 4. 逐一指导组长，判断其任务完成质量，严格纠正存在的错误。 5. 归纳性讲解任务完成过程中存在的共性问题。 6. 确认所有学生熟悉质量分析的步骤并进入了工作者角色。
2	项目实施	步骤1：反思总结	观看视频，与合格零件对比，组内讨论完成的工件存在的问题。	展示高年级学生完成的合格零件，播放视频，讲授产生废品的原因。
		步骤2：自评打分	组内自测，并根据评分表交叉打分。	引导学生思考量具的使用方法，描述性讲述评分表的打分原则。
		步骤3：教师评分	观察教师评分过程，并与自评分数对比。	检验各组完成的工件。
		步骤4：反思提升	整理学习笔记，进一步理解车削过程中提高质量的预防措施；完成任务操作单的填写，并上交学生工作页。	对加工质量方面存在的共性问题针对性点评，并启发思考加工过程，找出预防的措施；检查学生的完成情况。
3	项目总结	项目展示与总体评价	1. 组长检查小组成员对知识的掌握情况。 2. 组内讨论本小组操作过程。 3. 根据教师点评，小组内总结本次任务实施过程。	1. 安排组长公布各组员的掌握情况。 2. 对学生的操作进行点评，指出存在的问题。
		项目学习小结	复述螺纹件加工过程中的废品产生的原因，理解预防措施在加工中的应用。	带领学生总结如何通过对零件的质量分析提高加工的质量。

（六）技能评价

序号	技能	评判结果	
		是	否
1	通过对零件的质量分析确定预防措施。		

二、任务操作单

任务操作单			
工作任务：根据学生加工完成的中滑板丝杠零件，分析废品产生的原因，理解预防措施。			
安全及其他注意事项：产生的废品种类不同，原因也不同，通过分析不同废品的产生原因，理解预防措施，进一步提高工件的加工质量。			
	问题情境	原因	行动	备注

	问题情境	原因	行动	备注
1	中径不正确			C-M
				C-M
2	螺距（导程）不正确			C-M
				C-M
				C-M
3	牙型不正确			C-M
				C-M
				C-M
4	表面粗糙度值大			C-M
5	乱牙			C-M

三、学生工作页

<table>
<tr><td colspan="3" align="center">学生工作页</td></tr>
<tr><td colspan="3">工作任务：螺纹件质量控制</td></tr>
<tr><td colspan="3">一、工作目标（完成工作最终要达到的成果）

　　根据学生加工完成的车床中滑板丝杠，分析废品产生的原因，理解预防措施。</td></tr>
<tr><td colspan="3">二、工作实施（过程步骤、技术参数、要领等）

　　1.加工的车床中滑板丝杠是否合格？如是废品，产生的原因是什么？

　　2.如何进一步提高加工质量？

</td></tr>
<tr><td colspan="3">三、工作反思（检验评价、总结拓展等）

　　1.课堂中遇到的问题：</td></tr>
<tr><td align="center">序号</td><td align="center">遇到问题</td><td align="center">解决方法</td></tr>
<tr><td align="center">1</td><td></td><td>□老师指导□同学帮助□自我学习□待解决</td></tr>
<tr><td align="center">2</td><td></td><td>□老师指导□同学帮助□自我学习□待解决</td></tr>
<tr><td align="center">3</td><td></td><td>□老师指导□同学帮助□自我学习□待解决</td></tr>
<tr><td align="center">4</td><td></td><td>□老师指导□同学帮助□自我学习□待解决</td></tr>
<tr><td align="center">5</td><td></td><td>□老师指导□同学帮助□自我学习□待解决</td></tr>
<tr><td align="center">6</td><td></td><td>□老师指导□同学帮助□自我学习□待解决</td></tr>
<tr><td align="center">7</td><td></td><td>□老师指导□同学帮助□自我学习□待解决</td></tr>
<tr><td align="center">8</td><td></td><td>□老师指导□同学帮助□自我学习□待解决</td></tr>
</table>

2. 你明白了吗?

序号	问题	回答
1	三角形螺纹的加工步骤及注意事项	□明白□有点明白□不明白
2	梯形螺纹的加工步骤及注意事项	□明白□有点明白□不明白
3	螺纹相关参数的计算方法	□明白□有点明白□不明白

车工工艺与技能训练课程标准

1. 前言

1.1 课程定位

本课程是数控技术应用专业数控车削加工方向中必修的一门专业技能方向课程，适用于中等职业学校数控技术应用专业（数控车方向），其主要功能是使学生获得中级车工必备的车床结构、传动原理、工艺理论等基础知识，具备正确操纵车床独立加工零件的工作能力，能胜任企业普通车床操作工、零部件质量检测、机床维护与维修等一线岗位。本课程应与"机械基础""机械制图""公差配合"等课程同时开设，并为后续课程"数控车床加工工艺与编程"打下基础。

1.2 设计思路

在机械制造业中，车床在金属切削机床的配置中几乎占50%，应用尤其广泛。车床上可加工带有回转表面的各种不同形状的工件，如内、外圆柱面，内、外圆锥面，成形面和各种螺纹等。因此，车削在机械行业中占有非常重要的地位和作用。企业为数控技术应用专业毕业生提供数控车床操作工、普通车床操作工、数控机床装调维修工、质检员等工作岗位，同时作为生产一线操作工，它对学生的综合实践能力有更高的要求。因此，本课程在数控技术应用专业课程中处于非常重要的地位，是一门指导车削操作的实践性很强的专业技能方向课程。

本课程的目的是使学生了解金属车削的基本原理，能够合理选择和使用刀具，掌握各种表面车削的操作技能，获得中级车工应具备的专业理论知识和操作技能，为操作数控车床打下良好的基础。立足这一目的，本课程结合中职学生的学习能力水平与中级车工的职业能力要求，依据企业普车操作工的工作内容共制定了四条课程目标。这四条目标分别涉及的是车床维护与保养、制定车削加工工艺、车削各种表面、安全文明生产的主要方面。教材编写、教师授课、教学评价都应在依据这一目标定位进行。

依据上述课程目标定位，本课程从工作任务、知识要求、技能要求、学习水平、项目质量标准五个维度对课程内容进行规划与设计，以使课程内容更好地与中级车工要求相结合。共划分了认识车削、车削台阶轴、车削单球手柄、车削锥轴套配合件、车削车床中滑板丝杠五大工作任务，根据本专业的人才规格要求和职业能力之要求，按照知识、技能的连贯性和递进关系设置。

本课程是按专业培养目标，以国家职业标准为依据，以企业典型零件的加工，结合典型的工作任务，以行为导向为特征，以突出课程的职业性、实践性和开放性为前提，进行学科体系的解构与技能体系的重构，采用循环渐进与典型案例相结合的方式来展现教学内容，倡导学生在实践过程中掌握典型的轴类和套类零件的加工，培养学生初步具备实际工作过程的专业技能。

本课程建议课时数144，共计8学分。

2. 课程目标

1. 能描述常用车床（以CA6140型车床为代表）的主要结构、传动系统，会对车床进行日常维护和保养。

2. 能根据各种车削表面正确使用、保养常用的工、夹、量具，合理的选用、刃磨常用刀具，合理选择切削用量和切削液，进行相关参数的计算，正确查阅有关的技术手册和资料，制定中等复杂程度零件的车削工艺。

3. 能灵活运用中级车工的各种操作技能粗、精车内外圆柱面、圆锥面和成型面，加工螺纹，完成轴类、套类典型零件的车削，并对工件进行质量分析。

4. 能遵守安全生产和文明生产的要求，会进行安全生产、文明生产。

3. 课程内容和要求

项目	工作任务	技能要求	学习水平			知识要求	学习水平			项目质量标准
			基本	熟练	强化		基本	熟练	强化	
项目一 认识车削	任务一 安全文明生产	能进行现场安全文明生产检查。			√	1. 能理解安全文明生产的重要性。 2. 能描述安全生产的注意事项。 3. 能描述文明生产要求。			√	

续表

项目	工作任务	技能要求	学习水平			知识要求	学习水平			项目质量标准
			基本	熟练	强化		基本	熟练	强化	
项目一 认识车削	任务二 操作车床	能完成车床启动，会进行床鞍、中滑板、小滑板的进退刀方向控制，并根据需要按车床铭牌对各手柄进行调整等车床的基本操作。		√		能描述常用车床的结构和传动系统。	√			1.操作车床规范、熟练。 2.车削加工过程中，定期润滑保养车床，正确刃磨车刀，合理选用切削液。
	任务三 润滑、维护车床	能完成车床的平日、每周、一级维护与保养。	√			1.能描述车床润滑的作用和方式。 2.能理解车床的润滑要求。	√			
	任务四 刃磨车刀	能正确使用砂轮完成常用刀具的刃磨。			√	1.能理解刃磨的姿势、动作和方法。 2.能描述刃磨的注意事项。 3.能描述车刀的种类、用途和组成。			√	
	任务五 选用切削液	能根据加工性质、工艺特点、工件和刀具材料等具体条件合理选用、使用切削液。	√			1.能描述切削液的种类、作用。 2.能理解使用切削液的注意事项。	√			

项目	工作任务	技能要求	学习水平			知识要求	学习水平			项目质量标准
			基本	熟练	强化		基本	熟练	强化	
项目二 车削台阶轴	任务一 分析台阶轴车削工艺	能正确填写工艺卡。	√			1. 能理解轴类零件的工艺特点。 2. 能描述工艺卡片的填写步骤。	√			1. 零件尺寸偏差符合图纸公差要求，尺寸误差不超过图纸规定的范围。 2. 形位公差在图纸要求控制的范围内。 3. 各加工表面的粗糙度符合图纸要求。
	任务二 车外圆、端面和阶台	1. 能完成符合零件图要求的外圆面、端面、阶台的加工。 2. 能正确使用车外圆常用的量具。		√		1. 能理解外圆车刀的选择和安装。 2. 能描述工件的安装步骤。 3. 能描述外圆、阶台、端面的加工步骤。		√		
	任务三 台阶轴质量控制	能根据零件图的要求对零件进行检验并对产品进行质量分析。		√		能理解产生废品的原因和预防措施。	√			
项目三 车削锥轴套配合件	任务一 分析锥轴套配合件车削工艺	能正确填写工艺卡。	√			1. 能理解套类零件的工艺特点。 2. 能描述工艺卡片的填写步骤。	√			

项目	工作任务	技能要求	学习水平			知识要求	学习水平			项目质量标准
			基本	熟练	强化		基本	熟练	强化	
项目三 车削锥轴套配合件	任务二 车槽和切断	能完成符合零件图要求的外沟槽的加工和切断。		√		1. 能理解切断刀主切削刃宽度和刀体长度的计算方法。 2. 能描述车沟槽和切断的加工步骤。 3. 能理解减少振动和防止刀体折断的方法。		√		1. 零件尺寸偏差符合图纸公差要求，尺寸误差不超过图纸规定的范围。 2. 形位公差在图纸要求控制的范围内。 3. 各加工表面的粗糙度符合图纸要求。 4. 内外锥的配合符合装配图的技术要求。
	任务三 钻孔、车孔	能根据零件图要求完成内孔的加工。		√		1. 能描述麻花钻的组成、选用和安装方法。 2. 能描述钻孔的步骤并理解注意事项。		√		
	任务四 车圆锥面	1. 能根据零件图的要求完成圆锥面的加工。 2. 会进行圆锥相关参数的计算和查阅相关技术资料。 3. 会使用专用量具进行锥度和角度的检验。		√		1. 能理解圆锥基本参数的计算公式。 2. 会描述转动小滑板法车圆锥面的方法和步骤，并理解车削的注意事项。 3. 会描述专用量具的使用方法。		√		

续 表

项目	工作任务	技能要求	学习水平			知识要求	学习水平			项目质量标准
			基本	熟练	强化		基本	熟练	强化	
项目三 车削锥轴套配合件	任务五 锥轴套配合件质量控制	能根据零件图的要求对零件进行检验并对产品进行质量分析。		√		能理解产生废品的原因和预防措施。	√			
项目四 车削单球手柄	任务一 车成形面和修光	能用双手控制法车成形面，并会对加工表面根据零件图技术要求完成表面修光。	√			1. 能描述双手控制法的基本原理。 2. 能描述单球手柄的车削步骤和车削注意事项。 3. 能对比描述锉刀抛光和砂布抛光的操作方法。	√			1. 零件尺寸偏差符合图纸公差要求，尺寸误差不超过图纸规定的范围。 2. 各加工表面的粗糙度符合图纸要求。 3. 花纹清晰、饱满，无乱纹。
	任务二 滚花	能正确安装滚花刀加工滚花。	√			1. 能描述滚花加工的步骤。 2. 能理解滚花的安全技术要求。	√			
	任务三 单球手柄质量控制	能根据零件图的要求对零件进行检验并对产品进行质量分析。	√			能理解产生废品的原因和预防措施。	√			

项目	工作任务	技能要求	学习水平			知识要求	学习水平			项目质量标准
			基本	熟练	强化		基本	熟练	强化	
项目五 车削车床中滑板丝杠	任务一 分析螺纹件车削工艺	能正确填写工艺卡片。		√		1.能理解梯形螺纹的工艺特点 2.能描述工艺卡片的填写步骤	√			1. 零件尺寸偏差符合图纸公差要求,尺寸误差不超过图纸规定的范围。 2. 各加工表面的粗糙度符合图纸要求。 3. 三角形螺纹牙型角60°。 4. 梯形螺纹牙型角30°。
	任务二 加工三角形螺纹	1. 能完成符合零件图要求三角形螺纹的加工。 2. 会进行相关参数的计算,并根据计算结果调整车床。 3. 会查阅相关技术手册和资料。 4. 会使用螺纹加工常用量具常规检验螺纹。			√	1. 能理解普通三角形螺纹的主要参数和计算方法,并能解释标注代号的含义。 2. 能描述普通三角形螺纹车刀的刃磨步骤。 3. 能描述螺纹的测量步骤。 4. 能描述螺纹加工步骤并理解加工注意事项。		√		
	任务三 加工梯形螺纹	1. 能根据零件图要求完成梯形螺纹的加工。 2. 会应用三针测量法检验梯形螺纹的中径。		√		1. 能理解梯形螺纹的标记和计算方法。 2. 能描述螺纹车刀的刃磨和安装步骤。 3. 能理解三针测量的计算方法。 4. 能描述螺纹车削的加工步骤和注意事项。		√		

项目	工作任务	技能要求	学习水平			知识要求	学习水平			项目质量标准
			基本	熟练	强化		基本	熟练	强化	
项目五 车削车床中滑板丝杠	任务四 螺纹件质量控制	能根据零件图的要求对零件进行检验并对产品进行质量分析。	√			能理解产生废品的原因和预防措施。	√			

4. 实施建议

4.1 教材编写和选用

1. 教材的选用与编写应以本课程标准为依据。

2. 实施本课程标准时，可以根据学校的教学资源、学生现状，对学时、教学内容酌情调整。

3. 以任务引领、项目教学为中心优化教材结构和教学过程。

4.2 教学方法

1. 本课程采用理实一体化教学方法，结合四级职业资格标准对知识、能力、态度的要求，充分运用任务引领、实践导向的课程思想进行项目设计，按照提出任务、制定方案、解决任务、总结与反馈、教学评价等步骤组织项目教学。

2. 在教学中应先让学生有初步的感性认识，再导入理论教学，最后通过实训来消化和理解所学的理论知识，从而巩固和提高教学效果。

3. 充分利用教室、车间、实训现场等多重教学环境，使学生在比较真实的工作环境中学习职业知识与技能，真正实现融"教、学、做"为一体的职业教育教学目标。

4. 提倡启发式教学，根据具体任务组织学生进行有关加工过程的讨论，然后再进行技能训练，以提高学生分析问题的能力，充分调动学生的主观能动性。

5. 在教学过程中，教师充分利用现代教育技术，努力开发普车加工教学资源，丰富教学内容和形式，拓宽学生学习渠道，改进学生学习形式，提高课堂教学效果。重视本专业领域新技术、新工艺、新设备发展趋势，贴近生产现场，为学生提供职业生涯发展空间，努力培养学生的职业能力。

6.教学过程中教师应积极引导学生提升职业素养，提高职业道德。

4.3　课程资源

1.常用课程资源的开发和利用

建立《车工工艺与技能训练》课程电子教案、多媒体课件、考试题库，并不断更新、补充。将实际教学项目恰当地使用文字（Word格式）、课件（PPT格式）、动画（SWF格式）、三维图形源文件、图纸（dwg）、视频、图片（jpg/gif）、试题等元素来描述，拍摄教学视频录像，编写教学、实训指导用书，收集学生实训作品，形成直观的梯度样例。

2.积极开发和利用网络课程资源

充分利用网络资源、教育网站等信息资源，使教学媒体从单一媒体向多媒体转变；使教学活动从信息的单向传递向双向交换转变；使学生从单独学习向合作学习转变。

3.产学合作开发普车实训课程资源

充分利用本行业典型的资源，加强产学合作，建立实习实训基地，满足学生的实习实训，在此过程中进行实训课程资源的开发。

4.建立开放式普车实训中心

建立开放式普车实训中心，使之具备职业技能证书考证、实验实训、现场教学的功能，将教学与培训合一、教学与实训合一，满足学生综合职业能力培养的要求。

4.4　教学评价

1.改革考核手段和方法，加强实践性教学环节的考核，注重实际能力的测试，兼顾学生实习态度和安全规范操作。最终考核可参照四级国家职业资格技能等级考试规定，分笔试及实操两部分。

2.突出过程评价与阶段（以工作任务模块为阶段）评价，结合课堂提问、讨论课、平时测验等进行综合评价。

3.应注重学生分析问题、解决实际问题内容的考核，对在学习和应用上有创新的学生应特别给予鼓励，综合评价学生能力。

4.注重学生的职业素质考核，体现职业教育的高等性。

项目	内容	分值			
学习态度	出勤情况（5分）	优秀（5）	良好（4）	合格（3）	不合（0）
	听课态度（5分）	优秀（5）	良好（4）	合格（3）	不合（0）
	作业完成情况（10分）	优秀（10）	良好（8）	合格（6）	不合（0）

项目	内容	分值			
学习实践动手能力	课堂提问（5分）	优秀（5）	良好（4）	合格（3）	不合格（0）
	讨论课发言（5分）	优秀（5）	良好（4）	合格（3）	不合格（0）
	平时测验（10分）	优秀（10）	良好（8）	合格（6）	不合格（0）
	实际操作完成情况（40分）	优秀（40）	良好（32）	合格（24）	不合格（0）
实习报告	实习报告完成情况（10分）	优秀（10）	良好（8）	合格（6）	不合格（0）
学习交流与团队协作能力	视情况而定（10分）	优秀（10）	良好（8）	合格（6）	不合格（0）

5. 其他说明

1. 本课程教学标准适用于中职学校数控技术应用专业。

2. 任务操作单中的"备注"用于区分学习领域，或特别困难的任务和技能。（C–M）

学习领域：C代表认知学习领域，A代表情感学习领域，P代表技能学习领域。

学习难度：E代表容易，M代表中等，D代表困难。

课程项目整体教学设计

1. 设计说明

本课程项目依据本课程的课程标准及国家的职业标准，按照专业培养目标，以企业典型零件的加工，并结合典型的工作任务，以行为导向为特征，以突出课程的职业性、实践性和开放性为前提，采用循环渐进与典型案例相结合的方式来进行教学设计。

2. 项目（单元）一览表

序号	课程项目	任务	任务课时	项目课时
1	认识车削	安全文明生产	2	18
		操作车床	6	
		润滑、维护车床	2	
		刃磨车刀	6	
		选用切削液	2	
2	车削台阶轴	分析台阶轴车削工艺	4	22
		车外圆、端面和阶台	12	
		台阶轴质量控制	6	
3	车削锥轴套配合件	分析锥轴套配合件车削工艺	4	44
		车槽和切断	10	
		车圆锥面	12	
		钻孔、车孔	12	
		锥轴套配合件质量控制	6	

序号	课程项目	任务	任务课时	项目课时
4	车削单球手柄	车成形面和修光	8	18
		滚花	6	
		单球手柄质量控制	4	
5	车削车床中滑板丝杠	分析螺纹件车削工艺	4	42
		加工三角形螺纹	12	
		加工梯形螺纹	20	
		螺纹件质量控制	6	
6	合计		144	